U0920368

本书为中央级公益性科研院所基本科研业务费
专项资金资助项目

The Impacts of Training and Extension Incentive on Farmer's Fertilizer Use

技术培训与推广激励对农户施肥行为的影响研究

项 诚 黄季焜 贾相平 ◎著

中国财经出版传媒集团
经济科学出版社
Economic Science Press

前言

氮肥施用过量现象在我国粮食作物生产中十分普遍，肥料施用过量导致效率降低，同时带来环境污染、增加温室气体排放等一系列问题。缺乏科学施肥技术知识被认为是农民过量施肥的主要原因，而我国公共农技推广体系发展滞后，在科学施用化肥方面的推广咨询服务尤其薄弱。众多研究表明，通过技术培训和技术专家的田间指导可减少农户在水稻生产中的氮肥施用，同时保证水稻产量，但针对其他粮食作物的实证研究比较缺乏。同时，现有实证研究对农户的技术培训多由科学家实践完成，缺乏普遍性，无法回答在现实情况下，由农业技术推广部门执行培训的效果。

本书旨在以玉米和小麦为例，探讨提高氮肥施用效益的技术培训和农技推广人员激励机制对农民氮肥施用量和施用技术的影响，依据研究结果，提出我国未来减少氮肥过量施用、减轻农业面源污染和深化农业技术推广体系改革的政策建议。

为实现上述目标，本书的主要研究内容如下：(1) 研究提高氮肥施用效益的技术培训对农户玉米和小麦生产氮肥施用量的影响；(2) 研究提高氮肥施用效益的技术培训对农民氮肥施用技术采用的影响；(3) 研究农技推广激励机制对技术推广人员下乡开展技术培训和对农民氮肥施用量与氮肥施用技术的影响。

本书主要结论如下。(1) 农技推广人员进行氮肥施用技术培训可以有效地减少农户在玉米和小麦生产中的氮肥总施用量，但短期培训还难以改变农民习惯的施肥方式，对氮肥施用技术的采用没有产生显著影响。(2) 农技推广激励机制的效果同政策的实际执行情况紧密相关，只有在执行中加强对推广人员实际技术培训监督的激励机制，才会在提高农户氮肥施用效益上产生显著影响，而名义上的激励机制几乎没有任何效果。(3) 通过培训农户虽然减少了氮肥总施用量，但玉米和小麦单产并未因此而降低。(4) 耕地经营规模同单位面积氮肥施用量呈负相关，经营规模有利于农户减少氮肥的施用量。

本书结果及结论具有如下政策含义。(1) 适当减少氮肥施用量，不仅可以减少农民不必要的生产支出，降低物质生产成本，增加农民收益，而且对改善农村生产和生活环境、减少温室气体排放等都产生积极的影响。(2) 加强农技推广体系建设，把氮肥施用技术培训作为现有农技推广的主要工作之一，引导农户合理施肥，促进低碳农业发展。(3) 在农技推广体系引入技术推广的激励机制，同时加强对激励机制的设计和执行力度。(4) 给农民提供氮肥施用技术方案时需充分考虑当地生产环境和节省农户劳动力的施用技术。(5) 通过农地流转市场扩大农地经营规模，在一定程度上可以减少农民在耕种过程中的氮肥总投入。

目 录
CONTENTS

第 1 章　引言 …… 1

1.1　研究背景 / 1
1.2　问题的提出 / 4
1.3　研究目标和内容 / 5
1.3.1　研究目标 / 5
1.3.2　研究内容 / 5
1.4　全书结构安排 / 6

第 2 章　文献综述 …… 7

2.1　农户施肥行为影响因素研究综述 / 7
2.1.1　我国农民施肥行为影响因素综述 / 7
2.1.2　国外农民施肥行为影响因素综述 / 11
2.2　农技推广研究综述 / 13
2.2.1　我国农技推广体系存在的问题 / 13
2.2.2　我国农技推广体制的改革 / 18
2.2.3　国外农业推广存在的问题 / 22
2.3　实验经济学研究方法综述 / 26
2.4　本章小结 / 28

第 3 章　研究框架及研究方法 …… 29

3.1　研究框架 / 29

3.2 实验设计 / 30

3.2.1 影响评估实验原理简介 / 30

3.2.2 玉米和小麦氮肥施用技术推广实验设计 / 31

3.3 实验流程 / 34

3.3.1 玉米氮肥施用技术推广实验流程 / 34

3.3.2 小麦氮肥施用技术推广实验流程 / 36

3.4 计量模型设定及估计方法 / 37

第4章 氮肥施用技术推广项目执行及样本基本情况描述 …… 43

4.1 样本地区的选择与概况 / 43

4.1.1 样本县的选择与概况 / 43

4.1.2 样本乡镇的选择与概况 / 44

4.1.3 样本村的选择与概况 / 45

4.2 样本乡镇农技站及农技员基本情况介绍 / 47

4.3 农户抽样与调查 / 49

4.3.1 玉米农户抽样与调查 / 49

4.3.2 小麦农户抽样与调查 / 50

4.4 玉米农户特征及其分布 / 50

4.4.1 玉米农户样本分布 / 50

4.4.2 玉米农户样本特征 / 51

4.5 小麦农户特征及其分布 / 52

4.5.1 小麦农户样本分布与说明 / 52

4.5.2 小麦农户样本特征 / 54

4.6 样本地区农户粮食生产化肥施用现状 / 56

4.6.1 农户玉米生产化肥施用 / 56

4.6.2 农户小麦生产化肥施用 / 59

第5章 技术培训和推广激励机制对农户玉米氮肥施用的影响 …… 61

5.1 推广激励机制与农户玉米氮肥施用 / 62

5.1.1 推广激励机制与技术推广人员开展玉米氮肥施用技术培训 / 62
5.1.2 推广激励机制与农户玉米氮肥施用 / 63
5.2 技术培训与农户玉米氮肥施用 / 63
5.2.1 培训户与非培训户玉米生产氮肥施用总量和施用次数对比 / 64
5.2.2 培训户与非培训户玉米生产氮肥分期施用量对比 / 65
5.3 玉米氮肥施用与农户特征 / 70
5.3.1 农户玉米生产氮肥施用总量、施用次数与农户特征 / 71
5.3.2 农户玉米生产氮肥分期施用量与农户特征 / 72
5.4 技术培训对农户玉米氮肥施用影响的多元回归分析 / 72
5.4.1 计量模型设定 / 73
5.4.2 多元回归分析结果与讨论 / 74
5.5 本章小结 / 77

第6章 技术培训与推广激励机制对农户小麦氮肥施用的影响 …… 79

6.1 技术培训、推广激励机制与农户小麦生产氮肥总投入 / 80
6.2 技术培训、推广激励机制与农户小麦生产分期氮肥施用量 / 85
6.3 小麦氮肥施用与农户特征 / 90
6.4 技术培训与推广激励机制对农户小麦氮肥施用影响的多元回归分析 / 93
6.4.1 研究方法与计量模型设定 / 94
6.4.2 多元回归分析结果与讨论 / 95
6.5 本章小结 / 102

第7章 主要结论与政策含义 …… 104

7.1 主要结论与政策含义 / 104
7.1.1 主要结论 / 104
7.1.2 政策含义 / 106

7.2 本书的创新点与不足 / 107
7.2.1 研究创新点 / 107
7.2.2 研究不足与展望 / 108

附录：主要调查表格 ………… **109**

参考文献 ………… **114**

第 1 章

引　言

1.1　研究背景

20 世纪 60 年代以来，绿色革命通过现代高产品种与化肥使用相结合，有效地促进了粮食增收，极大地促进了发展中国家的农业生产（Byerlee，1996）。据估算，自 20 世纪中叶，氮肥对世界粮食单产增加的平均贡献率为 40%（Smil，2002）。1960 年以来，全球化肥施用量增长了近五倍，中国是增长最快的国家之一，同时也是目前最大的化肥消费国（FAO，2006）。仅在 1980 ~ 2009 年，我国农用化肥施用总量翻了三番，其中单质氮肥用量增长 1.5 倍，富含氮养分的复合肥用量增长了 61 倍（国家统计局，2010）。通过采用现代品种和增加化肥投入等现代农业技术手段，我国农业生产力得到稳定的提高（Huang and Rozelle，1996）。

但是，化肥施用量的持续增加和不合理使用带来一系列环境问题。巨晓棠等（Ju et al.，2009）研究了我国太湖地区稻麦生产和华北平原玉米—小麦轮作体系，发现大量施用氮肥使得许多氮素流失进入到环境中，引起了各种环境问题。未被吸收的氮素在土壤中通过淋洗和径流损失，会导致地表水和地下水污染及大范围的富营养化（Zhu and Chen，2002）。多余的氮肥在土壤中还会通过硝化和反硝化过程排放氧化亚氮，而氧化亚氮的温室效应潜能是二氧化碳的 298 倍（中英可持续农业创新协作网，2010）。同时，氮肥会分解释放氨气导致酸雨，酸雨反过来会加重土壤和水体的酸化及氧化亚氮排放。据估计，2007 年全国化肥生产和使用过程中所产生的温室气体占农业温室气体总排放量的 30%，而在当年全国温室气体总排放量中也占据 5% 的比重（中英可持续农业创新协作网，2010）。由此可见，改善氮肥管理对减缓气候变化和维护农业生产的可持续发展至关重要（Pachauri and Reisinger，2007）。

过量施用化肥甚至严重影响到农业可持续发展。化肥施用过量可能会引起土壤酸化、次生盐渍化等，抑制农作物生长发育，导致作物减产。更重要的是，过量施肥会引起土壤肥力下降，从而使得农民不得不依靠继续增施化肥来保证生产，形成恶性循环，对土壤生态环境造成极大破坏（朱兆良等，2005）。如今，我国很多地区的农民在种地时已患上严重的“化肥依赖症”，严重影响农业的可持续发展。

研究表明，氮肥施用过量现象在我国粮食作物中十分普遍。自 20 世纪 80 年代以来，我国粮食单产增幅远低于化肥消费量的增长速度，施肥增产效应持续下降（国家统计局，2010）。当前我国主要粮食作物的平均氮肥利用率不到 30%（张福锁等，2008；王激清，2007；闫湘等，2008），远低于 55% 的世界平均水平（Ladha J. K et al.，2005）。据估计，2002 年我国华北平原小麦氮肥（折纯量，以下同）平均施用量已达到 270 千克/公顷，远大于作物吸收量（Chen，2003）。崔振岭（2005）观察到 2004 年我国华北平原地区平均每公顷玉米消费 249 千克氮肥。彭少兵等（Peng et al.，2006）在对我国水稻主产区的研究中也发现农民过量施用氮肥问题较为突出，而利用适当的氮肥管理技术，氮肥用量可减少 30% 以上，同时维持产量不变甚至有小幅增长。张林秀等（2006）利用国家农业生产方面的宏观数据和农户调查数据，发现我国农业生产中化肥的产出弹性较低，仅介于 0.05 ~ 0.17 之间；氮肥产出弹性尤其小，仅在 0.04 ~ 0.08 之间。

农业科研人员试图从技术角度解决农民的过量施肥问题（Chen et al.，2006；Cui et al.，2008a and 2008b；Zhao et al.，2006）。这些新技术和方法的主要目的是根据作物各个生长季，优化作物养分吸收，兼顾氮肥施用时间和施用量，将农民施肥量控制在一个合理的范围。研究表明，与农民传统施肥方式相比，这些方法可在维持产量不变的情况下减少 40% ~ 60% 的氮肥施用量，既能为农民节省生产成本，又能显著减少由于过量施肥而引起的环境面源污染（Chen et al.，2006；Cui et al.，2008a and 2008b；Zhao et al.，2006）。

尽管农业科研人员做了很多努力，我国农业生产中的化肥投入依然在持续增加（国家发展和改革委员会价格司，2010），缺乏科学施肥知识被认为是农民过量施肥的主要原因（Hu et al.，2007）。大多数农民在具体施肥时更多靠自己的经验估计（吕悦来等，2006），而这些种植经验多来自绿色革命时期（1960～1980 年间），即施肥越多产量越高。何浩然等（2006）的研究表明，农户并未因施用有机肥而减少化肥的施用量。在 2008 年磷钾肥价格猛烈增长的情况下，部分农户由于缺乏科学施肥知识，选择多施用氮肥替代磷钾肥，致使氮肥施用过量问题更加突出（张福锁等，2008）。

农民施肥知识严重匮乏，急需施肥技术知识信息，然而，我国公共农技推广体系发展滞后，严重影响农业科技成果的转化。自 20 世纪 80 年代末，我国的农技推广体系开始遭受“离娘”“断奶”的冲击，农技推广活动进入长期的衰落期。1988 年 5 月，国务院发布相关文件进行科技体制改革，允许农技推广部门从事农业生产资料的经营活动。从此，农技推广部门从纯公益性技术推广服务机构变为可同时从事商业活动的公私结合的机构，其职能也变得复杂化。一些地方政府开始减少下拨给农技部门的经费（孙振玉，1994；全国农业技术推广中心，2001），使得以前出台的各种激励措施形同虚设，大大挫伤了农技人员开展农业技术推广活动的积极性，而把更多精力和时间投入到能为自己实现创收的商业活动中（胡瑞法等，2004b）。自从乡镇农技推广单位的“三权”（人事权、财务权、管理权）下放到乡镇政府管理，乡镇农技人员的工作就变成以乡镇“中心工作”为主（胡瑞法等，2004b），加之推广活动经费的缺乏，农技人员更无暇或不愿下乡从事公益性农技推广服务，无法满足农民对氮肥施用技术的需求。需要指出的是，利益驱动下，部分农技人员为了推销化肥和农药，鼓励农民使用更多的化肥、农药（Umali and Schwartz，1994；Huang et al.，2001；何浩然等，2006；孙波等，2008），加剧了农民过量施用化肥的严峻形势，给环境带来巨大破坏。

现有研究表明目前我国农技推广体系在科学施用化肥的技术指导服务

方面没有发挥应有的作用。“中国农业技术推广体制改革研究”课题组（2004）调查发现，我国农技推广人员所学的专业结构极不合理，土肥专业不到总人数的2%。技术推广人员平均用于下乡推广工作的时间不到全年时间的1/4，而土肥专业农技人员下乡时间显著少于农学和植保专业农技人员，接受过施肥技术培训的农民占总人数的比例极低（胡瑞法等，2004a）。吕悦来等（2006）的研究也发现，在过去的20年中，只有不到15%的农民得到过化肥使用方面的培训。何浩然等（2006）的研究表明，农技培训对农户施肥强度的影响显著为正，可能是因为农户很难从技术推广人员那里得到化肥施用相关的信息，而作为化肥供应商利益相关者的农技培训提供机构一直以来多以作物促产和化肥促销作为主要培训目标，而较少在农技培训时考虑到经济和环境等因素。

1.2 问题的提出

近年来的许多相关研究表明，通过技术培训可减少农户在水稻生产中的氮肥施用，同时保持水稻产量的增长空间。中科院农业政策研究中心在2003~2005年期间以不同技术推广方式的实验研究方法，通过对广东、湖南、湖北和江苏四个省农户进行水稻氮肥管理技术培训，利用计量经济学方法测算了氮肥管理技术培训和不同程度的田间技术指导的作用（Hu et al.，2007；Huang et al.，2008；曹建民，2006）。研究发现，通过技术培训和技术专家的田间指导能在不影响产量的前提下使农民在水稻生产中减少氮肥施用量20%~30%。

现有研究具有很大的启示性，但类似针对其他粮食作物的实证研究尚未开展。而且，现有实证研究中的技术培训多由科研人员实践完成，缺乏普遍性，无法回答在现实情况下，由农业技术推广部门执行培训工作的结果。本书试图回答以下问题：（1）技术培训能否减少农户在玉米和小麦生产中的氮肥施用量？（2）技术培训能否改变农户的习惯施肥方式，实现科学施肥？（3）针对当前公共农技推广体系，能否通过引入激励机制促使技术推广人员下乡为农民进行氮肥施用技术培训？不同的激励模式效果是否不同？

本书旨在以玉米和小麦氮肥施用技术培训实验为例，系统分析提高氮肥施用效益的技术培训和农技推广激励机制对农户施肥行为的影响。之所以选取玉米和小麦，是基于以下几个方面考虑。首先，玉米和小麦是我国的主要粮食作物，通过改善其氮肥管理技术对控制我国农业面源污染意义重大。2009 年在我国所有农作物种植面积中，玉米和小麦分别占 19.7% 和 15.3% 的份额（国家统计局，2010）。其中玉米是我国种植面积最大的作物，2000 ~ 2009 年间我国玉米种植面积增长了 35%（国家统计局，2010）。虽然小麦面积有下降趋势，但它仍是我国华北地区大多数人的口粮。其次，相关研究表明，农户在玉米和小麦生产中过量施用氮肥现象比较普遍（Chen，2003）。最后，以前的类似研究主要基于水稻（Hu et al.，2007；Huang et al.，2008；曹建民，2006），而针对玉米和小麦的实证研究相对较少。

1.3 研究目标和内容

1.3.1 研究目标

本书旨在以玉米和小麦为例，探讨提高氮肥施用效益的技术培训和农技推广人员激励机制对农民氮肥施用量和施用技术的影响，依据研究结果，提出我国未来减少氮肥过量施用、减轻农业面源污染和深化农业技术推广体系改革的政策建议。

1.3.2 研究内容

基于上述目标，本书拟开展以下几方面内容的研究。

（1）提高氮肥施用效益的技术培训对农民玉米和小麦生产氮肥施用量的影响。

（2）提高氮肥施用效益的技术培训对农民氮肥施用技术采用的影响。

（3）农技推广激励机制对技术推广人员下乡开展技术培训和对农民氮肥施用量与氮肥施用技术的影响。

（4）提出我国未来减少氮肥过量施用、减轻农业面源污染和深化农业技术推广体系改革的政策建议。

1.4 全书结构安排

根据上述研究目标和研究内容，本书内容安排如下。

第 1 章，引言，包括研究背景、问题的提出、研究目标和内容以及全书结构安排。

第 2 章，文献综述，包括研究农户施肥行为的影响因素、国外类似研究经验和农技推广相关文献的综述。

第 3 章，研究框架和研究方法，包括实验设计、实验流程、计量模型设定及估计。

第 4 章，氮肥施用技术推广项目执行及样本基本情况描述，主要介绍数据来源及样本基本情况描述，具体包括样本地区的选择与概况、样本乡镇农技站及农技员基本情况、农户抽样与调查、玉米和小麦农户特征及分布。

第 5 章，技术培训和推广激励机制对农户玉米氮肥施用的影响，描述技术推广人员下乡开展玉米氮肥施用技术培训情况，比较培训户与非培训户氮肥施用量差异，分析技术培训及给农技人员提供的单一激励机制对农户氮肥施用技术采用的影响。

第 6 章，技术培训和推广激励机制对农户小麦氮肥施用的影响，描述样本地区农户在小麦生产中的氮肥施用情况，分析培训对农户小麦生产氮肥施用的影响，同时分析这种影响是否会因为激励机制和行政监督的引入而有所差异。

第 7 章，研究结论和政策建议，包括研究结论、政策建议以及研究的创新和不足。

第2章

文献综述

本章将对国内外的相关研究作系统综述。首先，回顾农户施肥行为影响因素的相关文献，分别从研究我国农户施肥行为和国外农户施肥行为两方面着手。其次，分别综述国内外农技推广相关研究。国内农技推广部分主要综述学者针对当前我国农技推广体系存在的问题所持有的观点，国外农技推广部分简要介绍全球农业推广普遍存在的问题。最后，简要综述实验经济学的研究方法。

2.1 农户施肥行为影响因素研究综述

2.1.1 我国农民施肥行为影响因素综述

大量调查和研究表明，我国化肥施用过量现象普遍存在，导致化肥利用率低，施肥增产效应持续下降。农学研究人员根据各地的农业气候、作物和土壤类型等估算出的化肥增产效应和最佳施肥量表明，很多地区氮肥的增产效应随着施氮量的增加而降低，在很高的施氮水平下甚至是负值（朱兆良，1998；张福锁等，2008；王激清，2007）。诺斯等（Norse et al.，2001）从环境学的角度证明了我国农民过量施用氮肥的事实，并估算出我国的稻田生态系统每年施氮肥的环境成本可能在13亿~49亿元之间。过量施肥（尤其是氮肥）不仅会降低农民生产经济效益，还会影响土壤肥力，产生温室气体，污染环境。

尽管农户作为“理性的经济人”已被多数学者所认同，农民过量施肥的行为似乎仍然让人难以理解。林毅夫（1988）认为，如果能设身处地从小农的角度来看问题，则可以发现这些被认为是不理性的行为却恰恰是外部条件限制下的理性表现。因此，了解农民过量施肥的影响因素有助于政府制定相关政策控制农业面源污染。研究表明，农户认知水平、风险态度、农技推广、技术难易程度、户主特征及家庭特征等均对农民施肥行为产生影响。

1. 农户认知水平

缺乏科学施肥知识被认为是农户过量施肥的主要因素。目前，我国农民的施肥技术很低，“要高产就得多施肥”的观念仍然存在（张福锁等，2008），大多数农民具体施肥时更多的是靠自己经验估计（吕悦来等，2006）。何浩然等（2006）的研究表明，农户并未因施用有机肥而减少化肥的施用量。相关调查发现，在2008年磷钾肥价格猛烈增长的情况下，部分农户由于缺乏科学施肥知识，选择多施用氮肥替代磷钾肥，致使氮肥施用过量问题更加突出（张福锁等，2008）。

农户的认知水平还反映在对外界环境的认知影响农户施肥行为。张林秀等（2008）发现，农民对地力理解的不一致导致盲目施肥，地力越好施肥越多，地力越差施肥反而越少。茹敬贤（2008）研究发现，农户对于化肥的了解程度与农户的化肥投入成反向关系。占相当比例的农户对不合理施肥对环境污染的影响缺乏了解，为了维持粮食产量，在粮食种植过程中大量投入氮肥。高春雨（2011）在对桓台县7个乡镇190个农户的施肥量及降低施肥量的意愿进行调查后发现，农户对施肥量的确定比较盲目，主要通过习惯或化肥供应商的推荐，农户对过量施肥的认识也很模糊，70.9%的农户不知道过量施肥对大气、水和农产品品质会产生污染。被调查农户中，愿意降低施肥量的仅有38户，占20.8%。同时，农户作为理性经济人而存在，由于污染外部性，污染成本没有被私人化地纳入到农户的行为决策中，对待环保的态度上属于机会主义者。刘东栋（2004）通过对华北高产区农民的环境保护意识研究得出结论，农民对农业面源污染的环保意识不足，也对农业面源污染形成产生了一定影响。

林毅夫（1988）认为，理性行为在相当大程度上是受到人的认识能力限制的，政府可以通过人力资本投资提高农民认识自然和社会环境的能力。中国科学院农业政策中心的一项研究表明，通过技术培训和技术专家的田间指导，能在不影响产量的前提下使农民在水稻生产中的氮肥施用量减少20%～30%（Hu et al.，2007；Huang et al.，2008；曹建民，2006）。

2. 风险态度

鲍德尔等（Paudel et al.，2000）研究表明，农民施用更多化肥的目的是为规避风险。茹敬贤（2008）利用河南新乡农户数据进行回归分析得出从农时间和农户对于风险的态度对农户的施肥量呈正向作用。农户年龄越大，从农时间越长，越倾向于风险规避，通过加大化肥的施用量来维持粮食产量。

汪三贵和刘晓展（1996）研究发现，由于信息传播的不完善，贫困地区的农户在技术采用决策中仍面临巨大的主观风险，对技术内容和效果的不了解使许多农户放弃、推迟或减少了新技术的采用。茹敬贤（2008）研究发现，农户的信息获取渠道（主要为经销商）比较单一，许多农户都是从经销商那里获取信息，由于信息的不对称，在客观上造成农户施肥过量。

3. 技术难易程度

施肥新技术的难易程度对农户技术采用也有影响。除了农民科技素质低以外，缺乏简便易行的定量化营养诊断推荐施肥方法与科技推广力度不够是重要因素（陈新平等，1999）。韩洪云和杨增旭（2011）发现，农户学习成本因素显著影响农户采纳测土配方施肥技术。农户全面理解技术能力越强和越倾向于现代施肥观念，农户对新技术的学习成本就会越低，所以更愿意“完全采纳”技术；由于技术学习的路径依赖性，农户越倾向于“多施多产”的传统施肥观念，学习新技术的成本就越高，越不愿意“完全采纳”新技术。何竹明（2007）研究发现，技术风险越低，农户在农业技术推广中选择更高层次（被动式参与或主动式参与）技术的概率越高，即农户认为技术越容易掌握，其主动参与农技推广的可能性越大。

4. 外部政策环境

我国有关化肥的各种政策间接鼓励了农民多施化肥。自 20 世纪 50 年代以来，我国政府对化肥生产、流通及销售的实行积极鼓励政策。国家及地方各级物价主管部门试图通过制定化肥的出厂价、限价、价格差率，降低化肥成本和化肥原料的运价，降低化肥生产所需电、燃料价格及实施税收优惠等办法，从而降低化肥价格，间接补贴农民，目的是希望农民能够在较低的价格水平上获得化肥。变相鼓励了农业生产部门对化肥的过多投入（张林秀等，2008）。黄文芳（2011）也认为我国对化肥企业给予“优惠 + 补贴 + 限价”的政策导致化肥需求违背市场经济规律，是化肥过量施用的根本政策原因。这种政策下，经济发展水平的提升、农民人均工资性收入的增加都会导致农户施用更多化肥。他建立了效用模型，从农户经济利益最大化角度分析化肥施用的影响因素。模型模拟结果表明，当政府取消对化肥企业的补贴时，如出于提升农民收入水平出发的直补需附加农民生产行为有助环保的前提条件，否则不利于化肥污染的控制。当政府不取消对化肥企业的补贴时，在一定额度内增加给予农户的补贴则有利于农户转变施肥方式，控制化肥的施用量，但当基于农户的补贴超过这个额度时，则会形成负向激励，农户又会提升化肥的施用。因此，补贴需附加农户生产行为有利于环保的前提条件。李海鹏（2007）在江汉平原的农户调查估计结果显示，农资增支综合补贴政策干扰了市场机制，激励农户去多使用或继续施用化肥、农药，造成农药面源污染加剧。

5. 农户其他特征

户主年龄、性别、受教育程度、从事农业生产年数、家庭非农就业等也会影响农民化肥施用。研究表明，教育水平越高，施用化肥越少（张林秀等，2008；巩前文等，2010；李海鹏，2007）。巩前文等（2010）调查发现，当户主为男性时不愿减少施用化肥，而户主从事农业生产年数和家庭非农就业人数对农户减量施肥具有负向影响。韩洪云等（2011）调查发现，农户的年龄特征对农户施肥“完全采纳”测土配方施肥技术显著负相关，相对于年龄稍小农户，农户的年龄越大，在配方肥施用比例上越持有保守态度。

经营耕地面积对农户化肥施用有显著影响。韩洪云等（2011）基于山东省枣庄市薛城区 2009/2010 年度的农户冬小麦种植测土配方施肥技术采纳行为的实地调研数据，发现农户所在村的耕地分配方式对农户是否"部分采纳"测土配方施肥技术有显著影响。采用连片分地形式的农户可以降低平均分地所导致的耕地细碎化问题，及由平均分地所产生的采纳新技术的实施成本，所以更愿意采纳测土配方施肥技术；农户耕地面积越大，农户越愿意完全采纳。同时，复种指数对化肥施用强度表现出了显著的正向影响。这是由于当地光温条件导致的作物种植的时间密集度上升而使得对化肥的施用需求提高（何浩然等，2006）。李海鹏（2007）发现，土地面积与化肥投入密度呈负相关，土地和化肥之间存在要素的替代性，推进农业生产的规模化经营有利于控制农业面源污染。

同时，研究表明，价格对化肥施用作用不明显。吕悦来等（2006）在农户调查中设计问题"假设化肥价格上涨 50%，你施肥的量会有什么变化"，统计结果显示，受访农户只愿减少化肥用量的平均不到 15%，主要因为对由此而造成的作物减产估计过高。按农民估计，化肥减量 50%，作物可能减产 40%。黄文芳（2011）基于我国 1998 ~ 2007 年各省（区、市）的面板数据，建立了化肥施用模型假设，估计结果显示，化肥价格指数与化肥施用量呈正比，违背了这一经济学基本规律：价格与需求呈反比。究其原因在于：首先，我国多年实施的"优惠 + 补贴 + 限价"的化肥行业发展及农民利益保护政策对市场经济的干扰，使得市场经济规律难以发挥作用；其次，在农民心目中，化肥是农业生产的必要投入要素，不会因为价格的上涨而降低对其使用，化肥需求具有价格刚性特征。因此，若想通过涨价或征收化肥税的政策来影响农民的施肥决策，将不会有明显效果。

2.1.2　国外农民施肥行为影响因素综述

与中国情况相反，国外许多发展中国家施肥量严重不足。

虽然许多研究从土壤养分角度证明美国农民氮肥施用过量，造成不必要的浪费的事实，但谢里夫（Sheriff，2005）研究表明，这种行为存在一定的合理性，可能是一个理性人的正常行为，效率并未下降。首先，技术推广人员提出的施肥建议和最优施肥量是根据固定的投入产出模型计算出来的，但农民如果认为技术推广人员提出的方案不适合他们的地块，施与比建议量稍多的化肥是一个经济人完全理性的正常行为。其次，农业生产中，各种投入均可互补，例如，水、氮、磷之间存在一定的互补性，当农民在某方面投入过多时，可能会减少另一种投入品，这样仅按固定的投入计算方式，可能会得出农民过量施肥的结论，但实际上，这种过量是合理的。再次，隐藏的机会成本（如交通成本、劳动成本等）可能会导致农户不完全按照技术推广人员建议的施肥方式，但从经济学角度上来说，这种施肥行为的选择可能恰好是其在考虑隐藏的机会成本后的最优选择。另外，农业生产的不确定性和风险厌恶均可能影响农民施肥行为。政府在制定针对农业源污染的政策时，应先分析当地农户表面上的“非理性”施肥，在此基础上，因地制宜，制定相应政策。例如，可以制定农业保险政策应对农户对农业生产不确定性的担心和风险厌恶心理（因为他们可能预见自然灾害对产量造成影响，因而改变通常施肥方式，提前投入大量化肥）。在鼓励农民采用新技术以减少氮投入时，要配套实行教育、技术资助和部分成本共担等激励措施。

朱迪等（Jude et al.，2008）利用84个南非农户数据，采用统计方法分析小规模农户化肥和有机肥施用的限制因素。描述性统计结果表明，化肥可及性限制化肥消费和施用，这种可及性既包括物质上难以获得，又包括距离上太远不方便购买。样本农户中79%的农户主要信息来源是邻居，仅有50%的农户在距离上能方便地买到化肥。但尽管如此，75%的农户仍负担不起足量化肥，高达97%的农户无法获得贷款。超过65%的农户知道如何施用有机肥，但交通成本又太高。另外，超过50%的农户有机肥存储方式非常不合理，造成大量养分流失 。

格林等（Green et al.，1993）通过构建logit模型识别影响利隆圭农户化肥施用的主要因素，研究结果表明，劳动力数量、非农工作收入、信贷可获性、作物品种、耕种制度、作物类型等都影响农户化肥施用技术的采用。

兰姆（Lamb，2003）使用两期印度农户数据，研究结果表明，当一个风险厌恶农民雇佣非农劳动力，化肥施用量将会显著增加。随着非农劳动市场的深入，化肥需求量显著增加。因此，在控制天气等影响因素后，农民施用的化肥越多，失业率就越低，非农工作时间占比越高。这表明，非农劳动市场与充满风险和不确定性的农业生产之间具有互补作用。所以，促进低收入水平地区非农劳动力市场发展能显著提高农业生产力。

阿卜杜拉耶等（Abdoulaye et al.，2005）利用尼日尔农户数据证明，田间示范试验是影响农户化肥施用的主要影响因素。结合田间示范试验和价格政策能有效增加农民收入，推进化肥施用。

柏恩里等（Byerlee et al.，1986）基于墨西哥一地区的田间试验和农户数据发现，农户是一个理性经济人，这表现在采用新技术（包括新的施肥技术）时总是循序渐进的，既可增加相对收入又能减少生产风险。农业科研人员和技术推广系统在引导农民采用新技术时需注意这一点。

2.2　农技推广研究综述

农户的认知水平对施肥影响显著，然而大量研究表明，目前我国农技推广咨询服务在化肥施用方面非常薄弱。张林秀等（2008）调查发现，我国农技推广人员的专业结构极不合理，土肥专业仅占总人数的2%；而且农技推广机构培训农民施肥技术的努力微乎其微，接受过施肥技术培训的农民占总人数的比例极低，下乡从事施肥方面的技术推广工作的农技员所占比例也极低（0.84%）。吕悦来等（2006）的研究也发现，在过去的20年中只有不到15%的农民得到过化肥使用方面的培训。何浩然等（2006）的研究表明，农技培训对农户施肥强度的影响显著为正，可能是因为农户很难从技术推广人员那里得到化肥施用相关的信息，而作为化肥供应商利益相关者的农技培训提供机构一直以来多以作物促产和化肥促销作为主要培训目标，而较少在农技培训时考虑到经济和环境等因素。

可见，我国农技推广体系存在诸多问题，有必要对当前我国农技推广所存在问题的研究加以综述。

2.2.1　我国农技推广体系存在的问题

黄季焜等（2009）将改革开放的前25年我国基层农技推广体系的变

革过程概括为“两上两下”的四个阶段：第一个阶段为1978～1988年，是改革初期机构和队伍迅速发展的时期。此期间，为适应联产承包责任制，农技推广体系得到了快速发展。第二个阶段为1989～1990年，是商业化初期和第一次“三权”下放和队伍削减时期。这时期将乡镇农技站的人、财、物管理权（“三权”）由县下放到乡，致使一些地方政府借机给农技部门“断奶”“断粮”，基层农技推广体系开始出现“网破、线断、人散”的现象。第三个阶段为1991～2000年，是商业化中期和第一次“三权”上收及队伍迅速扩大时期。期间，国务院、农业部、人事部先后发布一系列文件，试图稳定农技人员队伍，特别是乡镇农技推广部门开展“定性、定编、定岗”的“三定”工作，同时将下放的“三权”又收回县农业局管理。第四阶段为2001～2003年，是商业化后期和第二次“三权”下放及队伍削减时期。为减轻县农业行政单位经费的压力和保障乡镇农技人员工资发放，乡镇事业单位被要求在人员精简的基础上进行合并，并将乡镇事业单位的人事权、财务权和管理权（简称“三权”）下放到乡政府管理，从此县乡两级农技推广部门脱节，农技人员的工作变成以乡镇“中心工作”为主。

大量研究分析探讨了我国农技推广体系存在的问题，大致可归为以下几类。

一是投入不足问题。许多研究均将推广活动经费的短缺作为制约我国农技推广事业发展的首要因素。黄季焜等（2000）指出，经费减少已成为农业技术推广活动的主要限制因素。樊启洲和郭犹焕（1999）选取一些农业技术推广障碍因素，并对其进行排序研究发现，推广经费严重短缺是限制我国农技推广发展的最大因素。沈贵银（2003）指出，无论是在市场经济国家还是计划经济国家，公共农业推广服务供给制度在20世纪七八十年代发生制度危机的主要原因首先是农业推广服务供给方面的财政支出发生困难以及由此而造成的农业推广服务供给不足。胡瑞法和黄季焜（2001）研究发现，尽管我国农业科技推广总经费逐年提高，但推广投资强度远远比不上国外平均水平（无论是工业化国家平均还是低收入国家平均），而且大部分经费被农技人员的工资所占。高启杰（2002）的研究也发现，近年来我国农技推广事业费中的人员经费比重不断上升，业务经费比重呈下降趋势，活动经费的不足限制了推广活动的有效展开。他还指出，“丰收计划”项目经费投入对西部地区有较大倾斜，虽有政策上的合理性，但西北地区农林牧渔业总产值在全国所占比重较低，这样的结构使得投资的边际效益不高。乔方彬等（1999）的研究发现，推广经费短缺是影响农技员减少推广时间的重要因素。农业部农村经济研究中心课题组（2005）指出，经费的不足导致农技人员缺乏更新知识的机会。何传新和窦敬丽（2004）的研究发现，推广经费不足致使简单的农技成果都难以大面积推广，有限的推广经费还常被行政主管部门挪用或截留，同时推广基础设施简陋，造成农技人员流失。

二是体制问题。中科院农业政策研究中心“中国农业技术推广体制改革研究”课题组（2004）提出，行使“政府的”技术推广职能，造成农技推广决策的不确定性；县级农技推广不同专业分属不同的部门领导，降低了农技推广的效率；乡镇农技推广部门“三权”下放，导致县乡两级农技推广部门业务断链；农技推广机构承担非农技推广职能，约一半的农技人员从事行政委托的执法和中介服务、经营创收等非技术推广工作。何传新和窦敬丽（2004）也指出，农技体系科站场所分工过细，农、林、木、牧、渔、机、菜、桑等行政管理部门，各自为政，造成农技人员业务单一、知识面窄，为农民服务时效性差，增加了农民获取技术的成本。张德亮（2007）通过比较区域站、“县管乡站”“县乡共管”和“乡管乡站”等几种体制下基层农技人员从事公益性的农业技术推广时间得出，基层农业技术推广的体制问题是农技人员从事公益性农技推广活动的最大影响因素。智华勇等（2007）发现，县管体制下人均政府投入每增加1万元，农技人员从事公益性推广时间增加74天，高于乡管体制下的投入效果。

三是推广人员问题。中科院农业政策研究中心“中国农业技术推广体制改革研究”课题组（2004）调查发现，我国农技推广队伍存在人员结构不合理、非专业技术人员过多以及人员的知识断层与知识老化比较突出等问题。也就是说，农技人员各专业的人数比例与我国农业内部生产结构存在较大差距，从事农技推广的专业技术人员仅占全部农技人员总数的一半，许多县级和乡级农技站已多年未新进本科及以上农业院校学生，在职进修的人数比例过低。农业部农村经济研究中心课题组（2005）也发现，我国农技人员的专业素质较低，全国推广人员中具有与所从事的推广活动相关专业学历的不到55%，同时他们认为《中华人民共和国农业技术推广法》对农业技术推广人员的过低和较为灵活的要求与我国推广队伍过低的质量不无关系。张德亮（2007）调查发现，农技人员专业不对口比例偏高，平均比例达到26%，且乡级不对口的比例要高于县级。他经过分析发现，专业不对口的农技员下乡从事农技推广活动的时间较少，能力建设薄弱已成为制约农技员从事公益性技术推广活动的重要因素。赵锦域（2005）还指出，农技人员“在编不在岗，在岗不在位”的现象比较严重，到岗率低，而且大部分推广人员学的是农学、植保、土肥专业，知识结构单一，缺少社会广泛需求的市场预测、营销等方面的知识，对农民急需的市场调研与产前、产中、产后综合服务无能为力，不能很好地适应高效农业发展的需要。更值得注意的是，受个人私利驱使加之专业素质较低，农技人员的推广活动反而会增加农民的化肥和农药的使用量（Umali and Schwartz，1994；Huang et al.，2001；何浩然等，2006；孙波等，2008）。因特网流行病学和防御的协作中心（CCIED，2005）调查发现，在一些地区，农技人员会刻意放慢抗虫棉的推广，因为这种技术的采用会减少农资的投入。

四是推广方式问题。中科院农业政策研究中心“中国农业技术推广体制改革研究”课题组（2004）调查发现，我国行政命令式的农技推广形式带来一系列问题。一方面，这种推广活动是带任务、带指标进行的，农民对这些技术的采用也带有一定程度的强制性；另一方面，由于这种形式难以适应市场经济发展的需要，往往会造成政府“好心办坏事”的局面。同时，这种由上到下的技术推广方式，体现的是政府的意志，未能充分考虑农民的技术需求，致使许多项目最后变成钓鱼项目，浪费国家投资。高启杰（1995）也指出，我国主要采用的项目推广方式是自上而下的传递服务模式，所扩散的技术项目市场导向性差，未能真正反映农民用户系统的需求。张东伟等（2006）也指出，这种政府主导型的项目推广方式有贪大求洋、盲目追求高新之嫌，突出表现在各地新建的“农业高新技术开发区”项目，这些项目往往未能充分考虑农民的现实技术需求，或者超过了农民的投资和现实应用能力，对分散经营的农民的示范和带动作用有限；同时，这种推广方式造成形式主义严重，推广项目往往设在公路沿线和条件较好的区域，以便于应付上级突击检查，这样偏远地区往往被忽略，一些表面上看似轰轰烈烈的“科技下乡”等农技推广活动变成了形式主义的“推广秀”。何传新和窦敬丽（2004）认为，当前农技推广在推广方式上片面追求经济增长方式，忽视农业可持续发展，造成农业自然资源的缺乏，农业和农村经济结构不合理，农业投入效益不高，农业环境污染和土壤肥力下降等。赵锦域（2005）认为，我国农技推广方法和手段落后，一些地方技术培训仅停留在几块教学板和宣传单上，同时推广站的基础设施差，缺少对农民进行有效培训的设施以及加强同外界取得联系的设备。

五是激励机制问题。考核和激励机制是农技推广运行机制的核心，因为其内容、标准具有导向性，然而有的地方乡镇领导把从事乡镇中心工作作为考核农技人员的主要内容，而且兑现现金，农技人员“凭良心”业余干农技推广工作（李立秋，2007）。张德亮（2007）也发现，目前有限的和不适当的激励措施难以激发农技人员从事公益性农业技术推广活动的积极性，一方面许多地方几乎无激励考核机制；另一方面即使有一些激励机制，也往往是同公益性农业技术推广关系不大。中科院农业政策研究中心“农户需求型技术推广改革研究”课题组（2008）调查发现，目前体制下政府部门统一组织的推广活动机制使激励机制失效。承担培训任务的技术人员受单位指派；培训内容多数无需更新；培训时又有单位派车，不需农技人员单独下乡；对培训活动的监督考核纳入到单位日常工作中。这些均使激励机制失效，使农技人员丧失了自我提高的动力。胡瑞法等（2004a）研究也发现，当前政府增加农业技术推广投资的效果及其对农技人员下乡为农民服务的激励非常有限。扈映（2006）以浙江省为例，从劳动力市场中最重要的几个制度——聘用制度、工资制度、晋升制度、社会保障制度等，得出我国基层推广机构内部存在激励空间过小的问题，我国推广体系的内部劳动力市场在提高组织稳定性的同时也强化了组织的惰性，使组织结构、规则等制度调整付出的代价相应加大。黄祖辉和何乐琴（2001）的调查显示，浙江省许多农技人员的“三险”没有解决，相关政策未落实，使得推广人员后顾之忧多，难以安心工作。

另外，我国农技推广还存在推广政策及制度等方面的缺陷，在此不再一一赘述。

2.2.2 我国农技推广体制的改革

为解决上述一系列问题，2004 年起，各地开始尝试各种改革，黄季焜等（2009）将这段时期概括为分离商业活动和第二次“三权”上收及继续精简队伍和多种改革试点时期。具体而言，这些改革大概包括“区域站”模式、各种类型的责任人制度、“养事不养人”的制度、对外合作多元化的推广体制改革等。下面就这些改革措施在各地的具体实施情况稍加阐述。

1. 以“区域站”为主要内容的改革

农业部、中编办等五部委自 2003 年开始在全国 12 个县开展了农业技术推广体系改革试点。该项试点改革要求根据当地农业主导产业和特色产业的要求，按照精简、统一、效能的原则和地方财力的实际，选择适宜形式设置乡镇一级国家农技推广机构。建议将相近行业的农技推广机构适当合并成农技推广综合站（即区域站）。通过明确公益性职能、分离非公益性职能和岗位竞争优化农技人员队伍。通过创新推广机制、增加财政投入提高农技推广的效率。不同的试点县采纳了不同的改革方案，在全部 12 个试点县中，有 6 个县将“三权”上收至县农业局管理，4 个试点县按照当地的产业特点，建立了跨乡镇的农技推广区域站，另外 6 个试点县将各专业站综合建立了乡综合站。

李立秋（2003）对区域站给出了高度评价。他认为，区域站优势明显，利于公共基层农技推广体系。首先，区域站人员以承担农技推广公益性职能为己任，其经费全部纳入县级财政预算，未进站人员逐步在经营服务中自我发展，这样有利于两支队伍的分离，稳定一直承担公益性职能的精干队伍。其次，通过规定竞争上岗的专业、学历和年龄要求，有利于集中技术骨干，同时可摆脱乡镇的中心工作，使农技人员集中精力和时间搞好农技推广工作。再次，组建区域站后，财政负担的农技推广单位和人员减少，能使有限财力确保精干的队伍。同时，区域站的“三权”在县级，有利于基层农技推广队伍的管理。最后，区域站的人员大部分从乡镇农技推广机构中择优聘用，有利于增强一线的技术力量。

中科院农业政策研究中心曾对上述的试点县进行调查，发现在4个建立跨乡镇“区域站”的试点县，农技人员平均下乡比未改革的县高32天。然而另一次调查也发现，以“区域站”为主要内容的改革，增加了农技员的服务半径和成本，且多适宜于有明显生产与生态区域特征的地区。同时这种改革未能解决推广技术自上而下的决策问题，也未从根本上解决现行体制所存在的未能满足农户多样化需求问题（“农户需求型技术推广改革研究”课题组，2008；黄季焜等，2009）。

2. 有关责任人制度的改革

2005~2007年，中科院农业政策研究中心与农业部全国农技推广服务中心合作开展了以满足农户的多样化需求为目标、以承诺制服务为主要内容的技术推广“责任人”制度的农技推广机制改革。其基本思路为：转变职能（由服务政府转变为同时兼顾政府和农民需求）、自下而上（主要根据农民需求选定技术）、责任制（明确职责，包括政府与技术推广人员）、全方位服务（对农民承诺“有问必答”，包括技术与市场信息等）、农民参与（农民参与技术示范，参与对技术推广人员的考核）、有效激励（变被动服务为主动服务）（胡瑞法等，2006）。

胡瑞法等在2006年的研究结果表明，这种政策示范研究取得了初步成功。一是农业技术“责任人”解决了农民多种多样的技术与市场需求，解决了农民生产上长期存在的技术难题，及时解决各种应急突发性事件，促进了政府、农民组织与私人部门等多元化技术推广体系的形成，从而给农民增加了收益。二是“承诺制”的服务机制使技术人员自我提高产生了压力，激发其提高自身知识水平与推广业务能力的积极性，同时使农技员由听从单位安排的被动服务改为主动地为农民提供各种服务。三是突破了原来单纯的“由上到下”技术推广方式，在基于农民技术需求的基础上，考虑政府目标，实现了技术“由下到上”和“由上到下”的结合，从而既保障农民技术需求的满足，又保障国家粮食安全目标的实现。四是根据“承诺制”建立全新的考核机制，不仅解决了农业技术推广缺乏监督与考核的难题，而且使考核与评价程序简单化，更具操作性。五是来自于农民和改革的压力，自动淘汰了不能胜任的农技人员，从而为未来的新一轮精减人员提供了有效的方法。

项目结束后，蔡亚庆（2009）从农户技术的可获得性、推广制度安排的有效性以及农户对推广技术的采用情况三个逐层递进的层面考察了此次改革的效果，发现承诺制显著地提高了技术服务的效果，因而，建立以满足农户需求为目标，以承诺制服务为主要内容的技术推广服务“责任人”制度切实可行。然而，黄季焜等（2009）指出，这一模式对农技人员的能力和经费投入等有很高的要求，全面推广也将面临一定挑战。

另外，有些学者提出了科研院所或农业院校专家负责制的农技推广模式，这其实也是某种意义上的责任人制度。郝风等（2008）分析了重庆市基层农技推广体系存在的主要问题和科研院所专家参与农技推广的作用和优势，提出了科研院所专家负责制的农技推广模式。汤国辉等（2008）认为，公益性农技推广服务领域的“政府失灵”与“市场失灵”为具有第三部门属性的农业高校的参与提供了理论前提。他基于南京农业大学“百名教授科教兴百村工程”实践，提出了农技推广服务的专家负责制，并认为这种模式有助于提高技术转化和推广效果，促进农村经济的快速发展。

3. “养事不养人”的制度改革

湖北省政府2005年在农业技术推广系统推行了以“花钱买服务、养事不养人”为原则的改革，该项改革将原乡镇农技、畜牧、水产、农机等专业农技推广单位撤销转变为企业，使所有乡镇农技人员退出事业编制；根据当地政府与农民的需求，每年确定1~3个公益性推广项目，通过竞争与招标的方式，从原来的农技员中聘任约1/3的人员，与当地政府签订推广项目合同，并制定出相应的考核办法。

中科院农业政策研究中心的调查结果表明，该项改革取得了成效（“农户需求型技术推广改革研究”课题组，2008；黄季焜等，2009）：接受农技员服务的农户比例从改革前的 14% 提高到 55%，改革也使招聘的农技员的职责得到了进一步明确，收入有所提高，并使乡镇技术推广系统精减了人员，减少了开支，同时强化了政府的公益职能，基本做到了“养事不养人”。

然而调查也发现，该项改革所存在的问题也非常突出。首先，该项改革使得农技人员及其经费的可持续性难以保障。其次，通过“政府采购”所确定的推广项目将农业技术推广单一化，完全放弃了对农民多样化技术需求的服务。同时，调查也发现，该项改革不仅未解决公益性服务与商业性业务之间的矛盾，而且还有所加剧。李立秋和张真和（2005）认为这种“购买”方式不适用于多数公益性农技推广，且以这种方式提供公益性农技推广服务必将丧失其普惠性。朱小梅等（2005）指出，农业技术推广站改制为企业后，其性质不明，公益性农业技术推广服务所需经费难以持续供给，缺乏人才可持续发展的有效机制，基础性农业技术推广服务难以持续，公益性职能和经营性服务不能彻底分开。

4. 对外合作多元化的推广体制改革

沈贵银（2003）指出，农业推广服务的公共物品属性使得单纯依靠政府供给或市场交易机制难以实现利润最大化，必须引进其他的一些替代性制度安排或者对现有的制度安排进行变更，其最优供给主要有以下形式：一是政府公共财政支出外形势；二是市场交易形式；三是企业内部交易形式。根据以上制度安排方式，他提出多元化的农业推广服务体系的基本框架：即以政府制度为主导，企业制度、市场制度以及非政府制度形式并举；围绕农户与农业企业的实际需要，构建以政府公共投资为农业推广服务供给的主体，农业企业科技创新体系，农业推广服务供给的中介组织体系，各种形式的农民协会、新型农村合作经济的农业推广服务供给体系以及教育与研究单位开展各种形式的教育培训、技术咨询与技术服务共同发展，农科教有机结合，产学研一体化的多元化农业推广服务供给体系。

目前，我国许多地方的农业技术推广部门已经开始与其他农业服务组织和涉农企业联合，形成多元化的技术推广服务供给体系。如河南的土壤和肥料方面的技术推广机构与肥料生产企业联合，推广有关施肥技术；山东的一些畜牧兽医站带头组建了养鸡专业合作社等（农业部农村经济研究中心课题组，2005）。陈进寿和郑庆昌（2005）介绍了浙江新昌模式，新昌不仅建立区域性专业农技站、创办农业科技示范场，还成立了农民专业协会，通过专业协会实现技术推广、基地建设、市场推广的有机结合。宝鸡市围绕主导产业，全市组建了小麦、玉米、辣椒等10个专业工作组，开展产前、产中、产后各个环节的技术推广服务，同时依靠科技，依托农业龙头企业和科技推广协会，形成了“企业+农技单位+协会（农户）”的农技推广新方式，促进了农业产业化（马卫东等，2008）。

2.2.3 国外农业推广存在的问题

国外农业推广机构也存在不少问题，但无论在发展中国家还是发达国家，财政紧张是一个普遍问题（Feder et al.，1999；Umali and Schwartz，1994）。经费的短缺严重影响了农技推广活动。奎松等（Quizon et al.，2001）指出，农民田间学校（Farmer Field School，FFS）的推广方法虽然在许多发展中国家都实施了，而且取得不错的效果，但因经费短缺，只有一小部分国家将其作为国家推广体系的一部分。同时，他还指出，即使在菲律宾FFS是作为其推广机构运行机制的一部分，但这种推广方法也只能覆盖部分农户，而在印度尼西亚，FFS根本就无法开展。

菲德尔等（Feder et al.，1999）将全球农业推广存在的问题归纳为以下八个方面。

（1）服务对象的规模较大，且推广活动本身较为复杂。一方面，农民数量多且分布较广，尤其是发展中国家的农民大都比较贫穷，文化水平低，信息资源缺乏，给农业推广造成一定困难。调查显示，仅有10%的潜在农户被农业推广活动覆盖到，其中仅有很小的一部分是妇女。另一方面，农业信息的来源渠道、农业推广方的相关利益者以及推广方式的多样性使得推广活动比较复杂，且往往牵涉到相关者的利益。

（2）推广活动依赖于政策环境和其他部门机构。为取得农业发展，农业推广必须与其他的政策相联系（Ban，1986）。同时，农村的信贷、技术储备、生产资料供应、人力资本等都会对推广的效果产生影响（Purcell and Anderson，1997）。

（3）因果溯源困难。艾可欣（Axinn，1988）表示，因很难弄清推广投入与其效果的联系，推广效果难以评估，这往往也是政府不愿在农业推广上大量投入的一个原因。菲德尔等（Feder et al.，1999）认为，推广效果的衡量应涉及两方面，一是农民的社会意识、农业知识和技术的采用、应用情况等；二是作物产量、农业生产效率、农业生产的利润、农用投入品的需求和供给情况等，而这两方面牵涉的因素较多，很难简单地就这两方面评估推广效果。

（4）政府承诺及政策支持。政府（尤其是高层政府）往往很少承担对推广的责任。另外，政府官员的短视，也可能使他们不愿在这项不能立竿见影的工作上提供足够的支持。

（5）责任。珀塞尔和安德森（Purcell and Anderson，1997）指出，在世界银行自主资助的近一半的项目里，政府高层官员责任的缺乏严重影响了项目的执行和财政保障。豪厄尔（Howell，1986）指出，责任不仅包括分散的、无人监管的推广人员对监督者的责任，还包括公共部门推广人员对农民的责任。然而，当前许多农技推广的决策机制是自上而下的，非基于农户需求，农技人员通常认为他们对监督者有责任而对农民没有责任。

（6）农业推广部门承担着除农业知识和信息传递之外的其他公共服务的职能。如搜集数据、开展调查、写报告、侵蚀防治，等等。菲德尔和斯莱德（Feder and Slade，1993）指出，乡村级水平的推广人员被政府认为是去帮助农村贫困群体的相对廉价的、灵活的行政工具，因而农业推广服务被赋予一系列的附加功能。

（7）运行所需的资源和经费的可持续性。庞大的推广机构需要大量的工资支出，在经费紧张的情况下，用于推广的经费只是工资支出的剩余。

（8）推广与科研缺乏互动。因农业科研机构与推广机构分属不同的体系，它们之间往往相互竞争权力和资源，而忽视了它们属于同一个农业科技体系，应讲究协作。

由于政府推广服务低效且不能满足农民和社会需求，公共农业服务供给部门的改革被许多国家提上日程（Rivera and Gustafson，1991；Rivera，1996；Carney，1998）。

里维拉（Rivera，2001）将国际上农业推广系统的改革分为两种：市场化改革和非市场化改革。具体而言，市场化改革包括：改进公共推广系统、私人部门兼职（Pluralism）、推进成本回收策略和推行完全私有化。非市场改革包括两部分：一是分权，即中央政府把政策制定和决策的权力移交给下级政府或者其他组织；二是建立推广辅助（Subsidiarity）代理系统，即通过建立代理机构，使最基层代理者作为执行公共推广责任的主要操作者。

菲德尔等（Feder et al.，1999）指出，近年来多数国家农业推广改革更加关注财政紧张的问题，许多改革注重于将私人产品剥离出去，用市场规则来经营。他将各国的改革建议和措施概括为八点：提高推广管理水平；地方分权；专注于公共服务职能，剥离与推广无关的职能；对部分农业推广服务实行收费；推广组织多元化；授权和参与式方法；私有化；传媒等信息技术的作用。

阿默（Ameur，1994）认为分权是走向私有化的第一步，因为地方分权会使多元化的农技推广机构的职能更加明确，那么不同的推广方法也会被开辟出来。

菲德尔等（Feder et al.，1999）认为有三个因素会影响地方分权的有效性：一是被选出来承担分权的地方政府是否存在以及中央政府是否有意愿分权；二是地方政府提高收益的能力，因为分权就意味着要承担部分财政投入；三是农业部对质量控制和监督的能力。

在私有化方面，查普曼和特里普（Chapman and Tripp，2003）认为，私人推广不是一个单个的活动，它包含许多东西，既有私人推广市场的自发出现和发展，又有公共部门的支持，因而从公共到私人推广模式的过渡需要很多时间和经费投入，政策制定者须准备好长期的计划安排。私人推广不能代替公共部门的推广，私有化允许多种形式的农业推广模式的存在和推广资金来源的多元化，私有化的目标是使公共投资更为有效而非排除它。私有化最重要的不是资金来源的变化而是使服务的供给有了激励，这种推广提供的服务内容将优先考虑农民的需求。

尤玛力和施瓦兹（Umali and Schwartz，1994）认为，像墨西哥、智利和英国这类已经实现农业推广服务私有化的国家，在改革过程中应注重推广成本的节约和回收；而像中国这样农户规模比较小且政府承担着全部的农技推广服务的国家，因公共部门提供服务具有一定的局限性而私人部门提供服务更加灵活，其他非政府机构的参与非常关键，而且是农技推广组织改革是必要的且不可避免的方向。他还认为，小农户如能组织成团体协会也能构成强大的购买力，吸引私人推广活动的开展。

霍夫曼等（Hoffmann et al.，2000）从德国的农业推广改革中得到以下经验：（1）农户参与式的农业推广方式因是需求导向的方式，能极大地提高推广的效率和质量；（2）农民组织能使农民有更多责任感，从而提高农业推广的效率和质量，使所有利益相关者均能更好地发挥其作用；（3）私人推广部门的推广服务工作具有更大的弹性，因而能带来有益的激励和工作满足感，但这种弹性不能过度，否则农技人员会无工作的安全感，从而去寻求更有安全感的工作；（4）在私营农业推广之下咨询服务和信息交换的商业化意味着更多的信息控制，更少的公开性，贫穷的农户会有被忽略的危险；（5）公共投资仍然很重要，基本的资格认证、试验和试点项目、对偏远地区的推广任务分配、不够吸引人的推广活动、自然资源的保护、推广体系的改革、相关规章制度的制定，等等，都需要公共资金来支持；（6）公共农业推广部门的私有化改革将意味着州部分权利的丧失，故改革将遭受某些部门的反对，改革的进程可能会较慢；（7）应将农业推广服务的公共性和私有性分开，政府仅提供公共性质的推广服务，私人部门则提供非公共性质的服务。

宾利等（Bentley et al.，2003）提出了一种新的推广方式——走向公共场所（Going Public）。这是一种面对面的参与式推广方式，科研工作者、推广人员和农民专家奔赴农民自发聚集的地点（如集市、公交车站）开展推广活动，解答问题，交流经验等。而且，这种方式较传统的方式快，可在较短时间内接触来自各个地方的人们，科研工作者还可趁机搜集农民的反馈信息。这种方式比农民田间学校（Farmer Field School，FFS）成本要低很多，而农民田间学校和其他大规模的推广活动正遭受到经费短缺的威胁（Quizon et al.，2001）。同时，这种方式比媒体等信息技术的传播更为有效，因为它是一种参与式的、主动的推广方式。

2.3 实验经济学研究方法综述

实验经济学是20世纪后半叶迅速发展起来的经济理论分支，如今它已成为经济学最为活跃的前沿领域之一。2002年诺贝尔经济学奖授予弗农·史密斯（Vernon L. Smith），以表彰他把实验的方法应用到了经济学，他也因此被称为“实验经济学之父”。

所谓实验经济学，即以经济实验为研究手段。具体说来，即在设定的实验环境（实验室、现场或实地测试）中对特定经济现象和问题，通过控制条件进行重复实验，观察实验者行为和分析实验结果，揭示决策动机和结果的相互关系及传导机制，以此检验、比较和完善经济理论并提供决策支持的一门学科，因而也可说是实验室里出的经济学（荣炜、王国成，2007）。实验经济学的出现使得经济学不再仅仅是作为事后检验理论的工具，它也具有一定的前瞻性，因为实验经济学可从模拟现实的实验中获取接近真实的数据，以检验理论的现实性、客观性、科学性、公理性和普适性（刘开云，2006）。

史密斯（Smith，1962；1987）认为，开展实验经济学研究，需要满足五个基本条件：（1）利益偏好的非饱和性（Non-satiation of Preference），即被试者获利越多越能表现其真实的行为方式；（2）显著性（Saliency），即被试者所得到的报酬须与其在实验中的行为表现密切相关；（3）支配性（Dominance），实验中被试者的效用变化应来自实验报酬，应尽可能消除所有影响实验进行的主观故意；（4）隐私性（Privacy），要求每个参与者得到的信息仅是关于其个人的回报，避免相互沟通和相互影响，以保证每个人的决策都是独立做出的；（5）平行性（Parallelism），即在实验室中的微观经济中所得到的结论在其他条件不变的同样状况下，在离开实验室的微观经济中仍然适用。

基于多年的实验研究，史密斯（1982；1987）概括总结了经济学实验的三个要素：一是环境，即实验对象面对的一系列价值/成本结构，包括代理人的初始禀赋、偏好和行为的成本（任韬，2007）；二是规则，它是一个可控变量，是由实验设计者根据真实世界的经济运行规则制定的、要求实验对象遵循的制度；三是可观察到的参与者行为，它是以环境和制度为自变量的函数（任韬，2007）。

史密斯（1994）认为实验经济学至少能在七个方面发挥作用，即检验或区分理论；探讨理论失效的原因；为建立新理论奠定经验规则；比较基础环境；比较运行规则；评估政策建议；在实验室里模拟制度（政策）设计。

朱庆（2003）将实验经济学的主要方法归纳为三种：一是模拟和仿真。模拟出运行不同人类行为存在的环境，以便于实验者能在这样的环境中观察出人们不确定的价值观及与其环境之间的相互作用。在仿真技巧上采取“随机化”方法（被实验者的选取和角色分配均随机产生）、保密实验意图（小心讲解实验意图，不出现暗示性术语）和使用“价值诱导理论”（Induced Value Theory，以适当报酬手段诱发被试者的特定特征，而被试者本身的特征与此无关）。二是比较与评估，将“效率”作为比较标准，评估结果建立在概率分布基础上。三是行为分析和心理研究，运用行为理论来完善和改进实验，并用其来解释实验结果。

实验经济学的兴起有三个方面的理论来源（荣炜、王国成，2007）：一是1738 年伯努利（J. Bernoulli）进行的“圣彼得堡悖论”的实验，这可算是实验经济学的萌芽；二是厂商理论大师张伯伦对市场模拟的研究，他虽未获得成功，但他的学生（Vernon L. Smith）深受启发，通过改进实验方法与技术首次获得市场实验的成功，从而为实验经济学的发展奠定了基础；三是博弈论的形成发展，尤以重复囚徒困境实验声名远扬。

实验经济学发展迅猛，逐渐步入主流经济学的行列。20 世纪五六十年代，实验经济学还主要局限在市场理论和博弈理论。进入 70 年代后，随着经济学的主导理论体系的变化和计算机的广泛应用，实验方法越来越广泛用于公共经济学、信息经济学、产业组织理论等诸多经济领域（朱庆，2003）。目前，实验经济学已不仅仅局限于经济学领域，其研究方法也被政治、法律等其他社会学科所借鉴，同时经济学家们开始越来越多地在经济学实验中引入心理学和行为研究方法，使得经济学的研究方法呈现多样化的趋势。

2.4 本章小结

通过国内外文献回顾，可得出如下结论：

首先，知识信息很重要，缺乏科学施肥知识被认为是农民过量施肥的主要原因。虽然有研究提出需加强对农户施肥技术知识的教育力度，但这种政策建议多从定性角度出发，未考察政策具体实施的效果，缺乏说服力。

其次，现有基于农户数据的实证研究中，对农户的技术培训多由科学家实践完成，缺乏普遍性，无法回答在现实情况下，由农业技术推广部门执行培训工作的结果。

再次，现有实证研究主要基于水稻，而针对玉米和小麦的实证研究相对较少。技术培训对农户玉米生产和小麦生产中减氮的潜力我们还无法获知。

最后，现有实证研究分析技术推广服务对农民施肥行为的影响时，未引入推广激励机制，缺乏农技推广激励机制对农民氮肥施用量与氮肥施用技术的作用的实证依据。

因此，本研究选取玉米和小麦生产为研究对象，并由农业技术推广部门执行培训工作，同时将推广激励机制引入技术培训过程中，为该领域的研究提供新的实证依据。

第3章

研究框架及研究方法

本章将介绍研究实验设计、实验流程及研究方法。

3.1 研究框架

本书旨在以玉米和小麦为例，探讨提高氮肥施用效益的技术培训和农技推广人员激励机制对农民氮肥施用量和施用技术的影响，依据研究结果，提出我国未来减少氮肥过量施用、减轻农业面源污染和深化农业技术推广体系改革的政策建议。

基于以上目的，本书将按照以下框架和步骤组织展开论证。(见图3－1)。

首先，我们利用实验经济学原理，对部分农户进行玉米和小麦氮肥施用技术培训，同时对不同农技员实行不同的激励手段。

第二，根据实验设计，我们对所有样本农户进行问卷调查，收集玉米和小麦生产的投入产出数据及其他信息。

第三，根据研究设计和微观农户数据，通过统计分析和计量模型（图3－1，虚框内），定量分析不同激励手段下培训与非培训农户的化肥使用行为，系统分析技术培训和激励机制的综合影响。

第四，根据定量分析，讨论技术培训和推广激励机制对优化农户化肥使用的作用，并在此基础上提出农业面源污染控制及深化农技推广体系改革的政策建议。

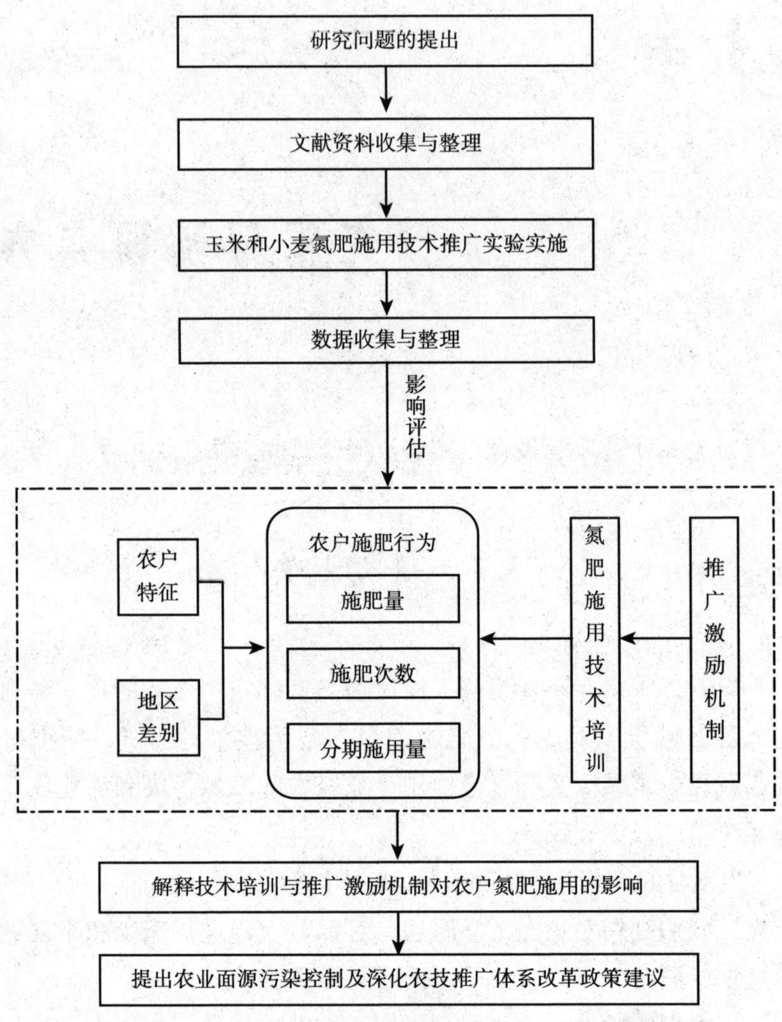

图3－1　本书的研究框架

3.2　实验设计

3.2.1　影响评估实验原理简介

经济发展政策影响评估是发展经济学的核心研究内容之一。研究者旨在通过对比分析政策（或项目）执行前后、项目区与非项目区的差别，分析政策（或项目）对不同微观主体的影响，由此识别最优的政策组合，为政策制定提供科学依据。但是影响评估研究的最大问题在于人们无法确定观测到的结果的确由政策或项目引起，而不是反之亦然，这种逆向或双向的因果关系是影响评估争议的核心。项目实施的选择偏误和项目参与者的“自选择”都将导致错误的分析结果和政策建议（White，2009）。以技术培训研究为例，由于培训户与非培训户两类群体在没有参加技术培训前可能已经在收入、性别、教育、施肥技术等方面存在本质性差别，因此培训户与非培训户的对比分析将无法反映技术培训的影响，传统对比分析方法得出的项目影响可能是“原因”而不是“结果”。

影响评估的原理是接受干预的主体与它在未接受干预的情况下在结果上存在的差别。然而，问题是一个人不可能既同时参与项目又不参与项目。最常见的做法是借助反事实（counter-factual）分析，选择相似的个体作为干预主体的对照组。因此，影响评估的关键在于选择合适的对照组。

项目评估方法有随机分组干预实验（Randomized experiment/intervention）和类实验（Quasi-Experiment）两种。随机分组干预实验是在项目开展前将目标干预群体按照一定的配平程序随机分为干预组和对照组，搜集两类群体项目前后的数据，对比分析两类群体项目前后的变化，研究者可以据此推断项目影响。随机控制实验的优点在于其独立性和客观性，研究者依据清晰的统计检验，用数据验证某政策或项目是否有效，最终帮助决策者决定未来的资金投向。近年来，随机干预试验被越来越多的经济学家采用。与随机干预实验不同，类实验属于事后影响评估，但是同样是通过设计有效的反事实参照组，也可达到对政策或项目影响进行科学评估的目的。

本书中，玉米和小麦氮肥施用技术推广实验我们将采用类实验的评估方法。

3.2.2　玉米和小麦氮肥施用技术推广实验设计

本书实验设计的核心是给予实验对象的一定干预（Treatment）——即对农技人员的激励手段和对农户氮肥施用技术培训。由此可见，该处理涉及两个维度：培训层面和激励层面（见图 3－2）。我们假设这两个维度的干预方式都将最终反映到农民的施肥行为当中。

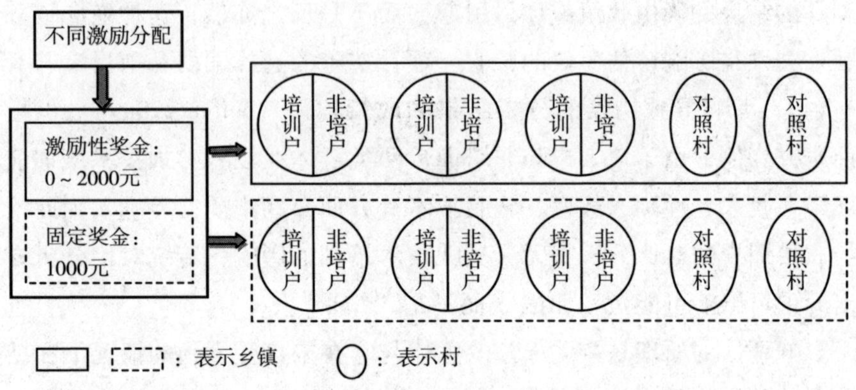

图 3－2　实验设计

激励层面上，我们将农技员分为两类，给予其中一类农技员固定 1 000 元作为给农民进行单茬作物（玉米或小麦）氮肥施用技术培训的奖金；对于另外一类农技员，我们根据其氮肥技术培训的执行情况，给予其 0～2 000 元的激励奖金。因此，在玉米和小麦氮肥技术推广实验结束后无激励的技术推广人员将获得共计 2 000 元的奖金，而有激励的农技员将获得 0～4 000 元的奖金。在每茬作物（玉米或小麦）种植之前我们分别向两类农技员作出上述奖金承诺，然后在每季作物收获后根据农户数据调查结果，分别给予他们相应的经费奖励。为了避免他们之间互相交流信息从而影响实验结果，以上奖励承诺私下单独进行。同时，为了与当地农技推广体制保持一致，我们在每个乡镇选取一个农技员参与实验（见图 3－2）。

培训层面上，我们在每个乡镇随机选取 5 个村，并将其分为两大类：3 个培训村和 2 个对照村。按照项目设计，农技员在作物（玉米或小麦）种植前在每个培训村中开展一次氮肥施用技术培训，培训以集中开会上课的方式进行，培训至少应覆盖村内 30% 的农户。同时，尽管同一行政村内的农户被认为具有相似特征，但为控制培训村内参加培训的农户过度自选择，培训被要求以集中连片的形式开展，即随机选择村内同一生产小组的农户参加培训。我们未事先告知农技员对照村名单，故对照村农户并不受我们设计的推广激励机制和技术培训两个维度的干预方式影响，他们即是实验经济学中所说的反事实组（Counterfactual Group），也称对照组（Control Group），目的是与实验对象——培训村接受技术培训的农户进行对比分析。此外，我们在培训村调查了两类农户，接受过农技员氮肥技术培训的农户和未接受培训的农户。

根据上述实验设计，我们可将总样本农户分为如下四类（见图 3-3）。

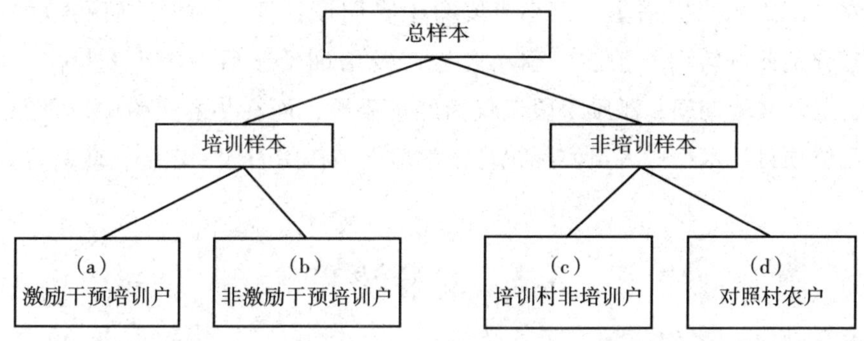

图 3-3　样本结构

(a) 有激励农技员培训的农户（激励干预培训户，下同）；

(b) 无激励农技员培训的农户（非激励干预培训户，下同）；

(c) 培训村非培训户；

(d) 对照村农户。

通过对比不同类型农户即可反映推广激励机制和技术培训的效果。例如：

对比（a）与（b）反映推广激励机制的效果；

对比（b）与（c）反映培训村内技术培训的效果；

对比（b）与（d）直接反映技术培训的效果；

对比（a）与（d）反映推广激励机制连同技术培训的效果。

玉米氮肥施用技术推广实验中，样本设计数量为 800 个。在每个培训村中，我们随机抽取 10 名当年接受过农技推广人员的玉米氮肥施用技术培训的农户（即培训村培训户）和 10 名当年未接受技术培训的玉米种植户（即培训村非培训户）。同时在每个对照村中随机抽取 20 名玉米种植户作为培训村农户样本的对照。实验共涉及 8 个乡镇，于是总设计样本为 240 个培训村培训户，240 个培训村非培训户和 320 个对照村农户。

小麦氮肥施用技术推广实验中，我们在每个培训村中随机抽取20名培训户和20名非培训户，在每个对照村中随机抽取20名小麦种植户。于是，小麦实验设计总样本数量为1 280个。

除农户样本量设计不同之外，玉米实验和小麦实验设计上还有两点区别：第一，由于项目预算约束，我们在玉米实验中仅在实验干预后进行一次农户调研和数据采集，而小麦实验中我们设计两次农户调研和数据采集，分别针对培训干预前一季小麦生产及培训干预后一季小麦生产。第二，玉米实验期间，激励手段仅仅为经济手段，而在小麦实验中，我们还在几位项目技术推广人员实际执行技术培训工作中引入一定的行政监督。

3.3 实验流程

本书的研究对象为2009年玉米种植户以及2008/2009年和2009/2010年两年的小麦种植户。如前所述，玉米农户数据收集仅一次，开展于2009年11月玉米收获之后。小麦农户数据分两次收集，分别开展于2009年9月初（农技员下乡开展小麦施肥技术培训前）和2010年7月小麦收获后进行。由于玉米和小麦的实验设计略有不同，下面将分别介绍具体实验流程。

3.3.1 玉米氮肥施用技术推广实验流程

玉米氮肥施用技术推广实验具体流程如下：

第一阶段，确定样本和农技员，邀请中国农业大学技术专家对选定农技员进行玉米氮肥施用技术培训。

2009年初，我们确定了山东省惠民县和寿光市两地作为氮肥技术培训项目县，和每个县内的4个样本乡镇，并在每个乡镇农技站确定一名项目农技员。2009年4月，我们分赴两个样本县，向农技员简要陈述玉米实验流程，并现场随机抽取确定每个乡镇的3个培训村，要求他们在玉米种植前在每个培训村中开展玉米氮肥施用技术培训。同时，我们邀请了中国农业大学专家现场统一为几位农技员培训玉米氮肥施用技术，以避免农技员本身土肥知识水平的差异给实验带来不必要的干扰。我们随机将农技员分为两类，并在离开样本县之前，私下单独向每个农技员作出不同的奖金承诺。

第二阶段，农技员在每个培训村给农民开展玉米氮肥施用技术培训。

根据协议，农技员应该在玉米种植之前（2009 年 5 月左右）在培训村进行玉米氮肥技术培训。同时协议规定每个培训村接受培训农户数不得低于该村农户总数量的 30%。为了使本研究结论具有普遍性，模拟经济激励手段对农技员的影响，从而准确分析和预测氮肥施用技术培训的影响，我们没有对农技员的玉米氮肥施用技术培训过程进行监督。

第三阶段，玉米收获后进行农户调查和数据采集。

2009 年 11 月（玉米收获后），我们对项目培训村和对照村进行实地调查。其中，每个培训村中，随机抽选 20 个玉米种植户，调查内容包括当年玉米生产投入和产出、家庭基本情况、化肥使用知识、农业和非农生产等信息。调查过程中，我们详细询问农户当年是否参加由当地农技员组织的玉米氮肥施用技术培训以及当年玉米生产投入产出等信息，将培训村调查农户分为培训村培训户和培训村非培训户。同时，在对照村随机挑选 20 名农户进行类似调研。

第四阶段，向农技员支付奖金兑现承诺。

2010 年 4 月，根据玉米数据调查结果，我们分赴样本县向每位农技员支付相应的奖金兑现实验开始时的奖励承诺。

为便于理解，我们将上述玉米实验流程汇总在一个时间轴图中（见图 3 –4）。

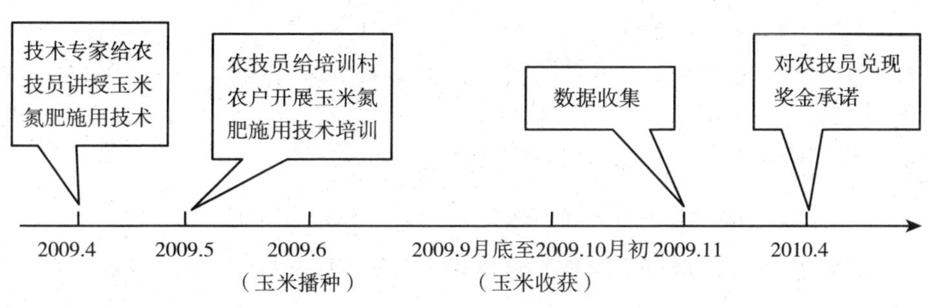

图 3 –4　玉米氮肥施用技术推广实验流程

3.3.2 小麦氮肥施用技术推广实验流程

小麦氮肥施用技术推广实验具体流程如下：

第一阶段，邀请中国农业大学技术专家给农技员进行小麦氮肥施用技术培训。

2009 年 9 月初，我们向 8 个项目农技员简要陈述小麦实验流程，并私下单独向每个农技员作出不同的奖金承诺。同时，我们仍然邀请中国农业大学技术专家现场统一为几位农技员培训小麦氮肥施用技术。

第二阶段，小麦农户基线调查（Baseline Survey）。

2009 年 9 月初，我们带领调查小组分赴两个样本县展开大样本农户调查。我们分别在每个培训村和对照村中随机挑选 40 名和 20 名农户进行问卷调研，内容包括 2008/2009 茬小麦生产和投入、家庭基本情况、化肥使用知识、农业和非农生产等信息。

第三阶段，农技员在培训村给农民开展小麦氮肥施用技术培训。

根据协议，农技员应该在小麦种植前（2009 年 9 月中旬左右）对培训村农户开展小麦氮肥施用技术培训。同样，协议规定培训覆盖率不得低于 30%。同时，除了经济激励手段，我们引入行政手段，由地方政府部门对农技人员的培训进行行政监督。

第四阶段，小麦收获后对所有接受基线调查的小麦种植户进行回访和追踪调查。

2010 年 7 月（小麦收获后），我们对项目培训村和对照村样本农户进行问卷回访。除基线调研内容外，我们详细询问农户在小麦种植前是否参加由当地农技员组织的玉米氮肥施用技术培训以及具体培训细节等。根据农户回答，我们将被调研农户分为培训村培训户、培训村非培训户、对照村农户三类。

第五阶段，向农技员支付奖金兑现承诺。

2011 年 3 月，根据小麦数据调查结果，我们分赴样本县向每位农技员支付相应奖金。

为便于理解和分析，我们将上述小麦实验具体过程整理到时间轴图中

（见图 3 – 5）。

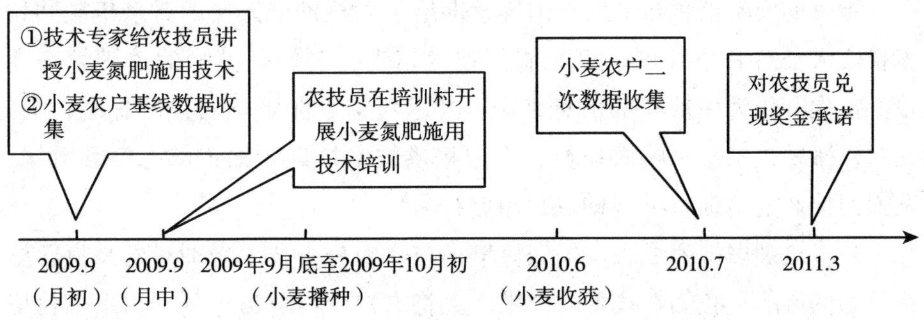

图 3 – 5　小麦氮肥施用技术推广实验流程

综上所述，玉米和小麦的实验流程略有不同，主要体现在两个方面。首先，玉米实验中对农技员实行经济激励手段，而小麦实验中我们额外引入行政监督。其次，玉米研究数据为截面数据，仅包括培训后一期数据；而小麦研究样本量较大，包含培训前、后两期数据，能方便研究者采用多种经济计量方法更科学地分析培训的效果。

3.4　计量模型设定及估计方法

虽然玉米和小麦实验设计稍有不同，但计量模型框架类似（见图 3 – 1，虚框内）。根据实验设计，我们设定如下计量模型：

农户施肥行为 = f(技术培训虚拟变量,激励措施虚拟变量,农户特征变量,地区虚变量,其他变量,扰动项)　　(3 – 1)

作为模型被解释变量，我们从两方面研究农户施肥行为：总体氮肥施用和分期氮肥施用。中国农业大学技术专家推荐的玉米和小麦氮肥施用方案包括两个内容，即少量多次和氮肥后移，具体为减少氮肥施用总量并分多次施用，适当减少作物生长前期氮肥投入量，增加后期追肥量，追肥时间适当后移。因此，本研究将使用两类指标考察农户氮肥施用行为：首先，我们试图了解实验干预（Treatment）对农户施肥的总体影响，将氮肥施用总量和施用总次数作为农户施肥行为的总体评价指标。其次，“氮肥后移”是模型被解释变量的另一类指标，用农户前、后期氮肥施用量来表示。

本书的实验干预包括两个内容，即给予农技推广人员的激励机制和技术推广人员对农户开展的氮肥施用技术培训。它们是模型的关键解释变量。首先，作为一种外部信息来源，技术培训可能影响农户的施肥行为。其次，激励机制会影响农技员为农户提供技术培训和知识的态度和方式，从而间接影响培训效果（即农户施肥行为）。

技术培训虚拟变量表示培训村培训户。为分析技术培训对农户氮肥施用行为的影响，我们在技术培训维度上将农户分为三类，分别为培训村培训户、培训村非培训户以及对照村农户。有关水稻氮肥管理技术推广的研究表明，技术培训能帮助农民改善氮肥管理（Huang，et al.，2008）。根据样本点地区农民氮肥施用普遍过量、前期氮肥施用比例严重偏高的施肥习惯，我们预期技术培训将减少氮肥施用总量和前期氮肥施用量，增加氮肥施用次数和后期氮肥施用量。

激励措施虚拟变量表示引入激励手段后，农技员对项目村农户进行氮肥施用技术培训。从激励方式上，我们将农户分为三类——激励干预培训户、无激励干预培训户和对照农户。我们的假说为对农技员进行激励干预后可以减少农户的化肥总用量以及促使农户采用科学的施肥技术。

此外，农户特征、地区差别等也可能影响农户施肥行为。本书中，农户特征变量由户主性别、年龄、教育程度，非农劳动力比例，人均财产，耕地面积、离家最近的化肥店距离等信息组成。根据现有研究，我们假定女户主采用氮肥优化技术的概率比男户主低。同时，户主年龄越大，种地经验越丰富，越有利于氮肥管理。但年龄越大，农户可能越不易于接受新知识反而不利于氮肥管理，因此户主年龄系数的符号方向尚不确定。我们预期户主教育程度越高越容易接受新知识，对氮肥管理越有利。当非农劳动力比例越高时，农户农业劳动力就越低，氮肥管理越粗放，化肥施用次数可能越少，但它对氮肥总施用量以及前后期施用量的影响方向我们尚无法确定。越富裕的农户可能越不在乎化肥成本，施肥量可能越大，但他会如何分配化肥施用我们尚无法判断。耕地面积越大，农户在农业生产中可能越注重“精耕细作”，对化肥投入和管理都比较在意，因此我们预期耕地面积越大的农户能促进氮肥管理的改善。农户住址离化肥店距离越远，化肥交易成本越大，在作物生长后期氮肥投入可能越小，施肥次数可能也越少。由于施肥次数减少，农民可能将所有化肥都投入到作物生长前期，这样前期施肥量就比较大；但也可能因购买化肥较大的交通成本，即使前期也不敢多施。因此我们预期当被解释变量为氮肥施用总次数或后期氮肥施用量时，农户住址离最近化肥店距离系数符号方向为负，而当氮肥施用总量和前期氮肥施用量作为被解释变量时，其符号方向尚无法判断。

地区虚变量是为衡量地域因素对农户施肥行为的影响。由于各地区情况各异，我们尚无法预期地区虚变量系数符号方向。

根据上文分析，我们将农户施肥行为模型中的相关变量和预期符号方向总结在表3－1中。

表3－1　农户施肥行为影响因素模型相关变量说明及预期作用方向

变量名称	变量说明	对因变量预期作用方向			
		氮肥总施用量(1)	氮肥总施用次数(2)	前期氮肥施用量(3)	后期氮肥施用量(4)
技术培训	虚变量，参加培训＝1，未参加培训＝0	－	＋	－	＋
激励措施	虚变量，有激励＝1，无激励＝0	－	＋	－	＋
农户特征					
户主性别	虚变量，女＝1，男＝0	＋	－	＋	－
户主年龄	连续变量	＋/－	＋/－	＋/－	＋/－
户主教育程度	连续变量	－	＋	－	＋
非农劳动力比例	连续变量	＋/－	－	＋/－	＋/－
人均财产	连续变量	＋	＋/－	＋/－	＋/－
耕地面积	连续变量	－	＋	－	＋
地区虚变量	虚变量，惠民＝1，寿光＝0	＋/－	＋/－	＋/－	＋/－
化肥交易成本					
离农户家最近的化肥店距离	连续变量	＋/－	－	＋/－	－

注：“＋”表示该因素可能对因变量产生正面影响，“－”表示可能会产生负面影响，“＋/－”表示影响的方向不确定。虚变量符号方向与其对照组相关。

在玉米氮肥施用技术推广实验中，我们仅收集了一期玉米农户数据，因此在评估技术培训和推广激励机制对农户玉米生产氮肥施用的影响时我们使用的是横截面数据（Cross-sectional data）。根据玉米实验数据结构和农户在玉米生产中氮肥施用的特点，我们分别采用普通最小二乘法（OLS）、泊松模型（Poisson）和 Tobit 模型估计技术培训和推广激励机制对氮肥施用总量、施肥次数以及前后期氮肥施用量的影响。

在小麦氮肥施用技术推广实验中，我们在项目实施前对农户开展了基线调查，并在项目结束后对他们进行回访。因此在评估技术培训和激励机制对农户小麦生产施肥行为的影响时我们采用的是面板数据（Panal data）。根据小麦农户数据结构，我们采用倍差分析法估计技术培训和推广激励机制的影响。

下面将具体介绍模型估计方法。

1. 普通最小二乘法（OLS）

回归分析的估计方法中使用最广泛的是普通最小二乘法。最小二乘法的基本原理是样本回归线上的点 $\hat{Y}_i$ 与真实观测点 Y_i 之差可正可负，简单求和可能将很大的误差抵消掉，只有平方和才能反映二者在总体上的接近程度。

对简单的线性模型：

$$y = \alpha_0 + \alpha_1 x_1 + \alpha_2 x_2 + \cdots + \alpha_k x_k + u$$

使用普通最小二乘法估计，要使估计结果和模型总体参数一致，必须满足 $E(x'u) = 0$ 以及秩条件 $E(x'x) = K$。

2. 泊松模型（Poisson）

在估计线性模型时，我们经常对变量假定为正态性的标准分布。正态性假定对取值范围较大的连续因变量是合理的。但取值范围较小的计数变量（count variable）不可能具有正态分布，泊松分布更适合。在本书中，施肥次数属于计数变量且取值较小，泊松回归模型更符合。

以 x 为条件，y 等于 h 的概率是

$$P(y=h \mid x)=\exp[-\exp(x\beta)][\exp(x\beta)]^{h}/h!$$

此即为泊松回归模型的基础分布，于是给定一个随机样本$\{(x_i, y_i): i=1, 2, \cdots, n\}$，我们可以构造对数似然函数：

$$L(\beta)=\sum_{i=1}^{n} \ell_i(\beta)=\sum_{i=1}^{n}\{y_i x_i \beta-\exp(x_i \beta)\}$$

用最大似然法估计该方程即可得到相应估计系数及其统计量。

3. Tobit 模型

在调查中，有相当比例的农户仅在玉米生长前期或后期施肥，因此当玉米分期施肥量作为被解释变量时，模型的左边变量中有相当比例的零值。这时使用 Tobit 模型能更好地解决因变量受限问题。

Tobit 模型的表达式为：

$$y_i^{*}=x_i \beta+\varepsilon_i \qquad \varepsilon_i \sim N(0, \sigma^2)$$

$$y_i=\begin{cases} y_i^{*}=x_i \beta+\varepsilon_i, & y_i^{*}>0 \\ 0, & y_i^{*} \leqslant 0 \end{cases}$$

其中：

$$E(\varepsilon_i \mid y^{*}>0)=E(\varepsilon_i \mid \varepsilon_i>-x_i \beta)=\sigma \frac{f_i(x_i \beta / \sigma)}{F_i(x_i \beta / \sigma)}=\sigma_{\varepsilon} m$$

$$\begin{aligned} E(y_i \mid y^{*}>0) &= E(y_i \mid \varepsilon_i>-x_i \beta) \\ &= E(x_i \beta+\varepsilon_i \mid \varepsilon_i>-x_i \beta) \\ &= x_i \beta+E(\varepsilon_i \mid \varepsilon_i>-x_i \beta) \\ &= x_i \beta+\sigma \frac{f_i}{F_i}=x_i \beta+\beta_m m_i \end{aligned}$$

用极大似然法估计的步骤为：极大似然法非受限观测一个分量，零观测一个分量，组成极大似然函数。最大化对数极大似然函数，得到参数一致估计。以上模型包含以下关系：

$$E[y_i^{*} \mid x]=x_i \beta$$

$$E[y_i \mid y_i>0, x]=x_i \beta+\sigma \cdot \frac{f_i}{F_i}$$

$$E[y_i \mid x]=F_i \cdot E[y_i \mid y_i>0, x]=F_i \cdot (x_i \beta)+\sigma \cdot f_i$$

与之相关的边际影响有：

$$\frac{\partial E[y_i^* \mid x]}{\partial x_j} = \beta_j$$

$$\frac{\partial E[y_i \mid y_i > 0, x]}{\partial x_j} = \beta_j \left[1 - \frac{x_i \beta}{\sigma} \cdot \frac{f_i}{F_i} - \left(\frac{f_i}{F_i}\right)^2\right]$$

$$\frac{\partial E[y_i \mid x]}{\partial x_j} = F_i \cdot \beta_j$$

4. 倍差分析法

项目评估和政策分析中广泛使用的一种计量分析方法是倍差分析法（Difference-in-Difference，DID）。这一方法的优势是可以采用两期面板数据固定不随时间变化的因素，差分掉处理组和对照组农户的共同趋势，消除随时间不变的选择偏误造成的偏差和遗漏变量造成的偏差，从而获得变量之间较为准确的因果关系。常用的倍差法估计有水平和一阶差分两种计量模型形式，分别为：

水平形式：$Y_{it} = \mu + \beta X_i + \alpha P_{i1} + \delta T + \gamma P_{it} + \varepsilon_{it}$

差分形式：$\Delta Y_i = \mu + \beta X_i + \alpha P_{i1} + (\varepsilon_{i1} - \varepsilon_{i0})$

其中，$\Delta Y_i = Y_{i1} - Y_{i0}$，$P_{i1}$表示项目实施后项目参与者，$T$表示项目实施后，$P_{it}$表示项目参与者。对于两期面板数据，固定效应估计与一阶差分估计结果是完全一样的（Wooldridge，2002）。

第4章

氮肥施用技术推广项目执行及样本基本情况描述

本章将介绍玉米和小麦氮肥施用技术推广实验的具体执行情况以及样本点基本情况描述。内容包括样本县、样本乡镇以及样本村的选择与概况描述，项目所涉及的几位农技员基本情况介绍，农户抽样、样本农户基本情况描述及分布、样本地区农户粮食生产化肥施用情况描述等。

4.1 样本地区的选择与概况

4.1.1 样本县的选择与概况

本书涉及山东惠民县和寿光市，位于华北平原地区。选择这两个县主要基于两方面考虑。

首先，惠民县和寿光市均处于华北平原地区，玉米和小麦是当地农民主要种植作物之一。华北平原地区是我国小麦和玉米的主要生产基地，通过改善该地区的氮肥施用管理，减少农业源污染的威胁，不仅对农业可持续发展意义重大，对低碳农业以及农技推广体制改革也具有极大的政策参考价值。

其次，这两个地区经济水平差异较大，样本可反映不同经济发展水平，研究结论具备代表性。寿光市是“全国县域经济基本竞争力百强县(市)”(《中国县域经济年鉴》编辑部，2010)，2009 年寿光地方财政一般预算收入为惠民的8倍（国家统计局农村社会经济调查司，2010）。更重要的是，中国农业大学植物营养学研究人员已在这两个县开展了多年有关玉米和小麦的优化氮肥管理试验研究，因此，能够提供适合当地土壤和气候条件的施肥方案（Cui et al.，2008a；Ju et al.，2009）。

改善玉米和小麦氮肥管理对于缓解农业源污染意义重大。在山东，玉米种植主要始于每年的6月中旬小麦收获之后，于9月底收获。山东省全年降雨量的70%~80%都集中在玉米生长季，大多数氮素流失易发生于该时期，因此长年高强度降雨和农民不合理灌溉条件下过量施于玉米中的氮肥会以硝态氮的形式残留于土壤中并逐年下移，最终进入地下水，使得地下水硝酸盐超标（崔振岭，2005）。研究证明，华北平原玉米氮肥施用量普遍较高，2005年该地区农民在玉米生产中的平均施氮量比农业科研人员推荐的最优方案要多40%（Cui et al.，2008a）。小麦也存在类似问题，根据已有试验结果和专家推荐的肥料用量，每年仅在小麦上造成的肥料浪费就高达40万吨（马文奇，1999）。

4.1.2 样本乡镇的选择与概况

本书采用分层抽样方法抽取样本乡镇，具体抽样方法如下。

（1）从当地政府部门获取两个样本县所有乡镇的玉米和小麦种植面积等生产信息。

（2）在每个县，对所有玉米种植乡镇按人均玉米播种面积排序，在此基础上四等分，在每等分层内随机抽取一个乡镇。这样，每个县有4个乡镇，两个县共8个乡镇作为玉米实验研究的样本。

（3）小麦实验乡镇抽样过程类似。需要指出的是，在样本地区玉米—小麦轮作为主要种植结构，因此小麦样本乡镇与玉米样本乡镇完全一样。

样本乡镇基本信息描述如下①（见表4-1）。首先，采用分层抽样法抽取的乡镇样本异质性较大，具有一定代表性。玉米和小麦种植总面积最

① 为了讨论方便和避免列出被调查的乡镇名字，在本书的所有表格和文字讨论中，我们用乡镇代码表示。

小仅 1 637 公顷，最大达 7 422 公顷，相差数倍。行政村总数和总人口同样变异较大。其次，样本乡镇玉米种植面积和小麦种植面积几乎相等，反映两个样本县玉米—小麦轮作的主要种植体系。另外，虽然惠民县每个乡镇的行政村数量整体较多，但总人口并不比寿光多，说明惠民行政村规模普遍较小，村均人口和人均玉米、小麦种植面积都少。

表 4 –1　　2008 年样本乡镇基本信息统计

乡镇	行政村总数	总人口	玉米种植总面积（公顷）	小麦种植总面积（公顷）
惠民				
1	140	97 506	2 970	3 198
2	59	27 970	1 744	1 744
3	110	52 030	3 960	3 989
4	54	28 880	1 637	1 637
寿光				
5	86	89 454	7 422	7 337
6	42	56 764	5 987	5 987
7	68	62 402	5 438	5 438
8	50	52 601	4 468	4 970

4.1.3　样本村的选择与概况

我们采用随机数表法在每个样本乡镇抽取 5 个村，两个县共计 40 个村，具体抽样方法如下。我们获取了每个样本乡镇所有行政村的玉米和小麦种植面积、总人口、交通情况等信息。在每个乡镇，我们随机选取 5 个村，其中 3 个培训村，2 个为对照村，本研究共涉及 24 个培训村和 16 个对照村。问卷调研时，我们同样搜集了各样本村 2008 年总人口、农业劳动力、耕地面积、玉米和小麦种植面积等基本信息，具体特征对比如下（见表 4 –2）。

表 4 – 2　　2008 年各乡镇培训村与对照村基本情况统计

	总人口	农业劳动力占总人口比例（%）	村均耕地总面积（公顷）	村均玉米种植面积（公顷）	村均小麦种植面积（公顷）
1	2 340	65	59	37	37
培训村	1 490	68	41	41	56
对照村	850	45	31	31	66
2	2 792	46	86	49	49
培训村	1 565	78	36	36	45
对照村	1 227	97	67	67	69
3	2 150	34	52	41	41
培训村	1 433	59	48	48	83
对照村	717	41	29	29	70
4	2 403	41	37	21	20
培训村	1 639	46	22	22	48
对照村	764	25	19	17	79
5	3 237	53	62	40	39
培训村	1 585	47	30	30	62
对照村	1 652	85	56	53	66
6	4 783	41	87	81	77
培训村	3 180	77	76	76	98
对照村	1 603	102	89	79	87
7	4 910	49	89	74	75
培训村	2 210	96	76	77	85
对照村	2 700	80	72	72	81
8	3 479	47	84	69	70
培训村	1 986	72	62	63	81
对照村	1 493	103	80	80	89

资料来源：2009 年 9 月中国科学院农业政策研究中心调研。

表 4 – 2 数据表明，样本村中，玉米和小麦是主要种植作物。无论培训村还是对照村，2008 年玉米播种面积与 2008/2009 茬小麦种植面积基本持平，且占总耕地面积的平均比例超过 70%（表 4 – 3，行 2，行 3，行 4），比例最小的乡镇 2 也在 50% 左右，比例最高的乡镇 6 超过 90%（表 4 – 2，

列4，列5)。这些都反映玉米和小麦在样本点的重要性，同时也说明在每个村我们的潜在农户样本量比较充裕，能保证我们实验的顺利开展。

村级调查数据显示，玉米和小麦实验研究中，培训村与对照村的村级特征在培训前没有差异。表4-3中使用的统计指标均是2008年的统计信息，不受我们经济实验影响。均值差异性检验结果说明，玉米实验和小麦实验中所有培训村和对照村的基本信息在统计上无显著差异（表4-3，列3，列6)，这反映样本地区在村级别上是可比的。

表4-3 2008年培训村与对照村玉米和小麦实验中各项特征对比

	玉米实验			小麦实验		
	所有行政村	培训村	对照村	所有行政村	培训村	对照村
农业劳动力占总人口比例（%）	48	48	47	47	49	44
村均耕地总面积（公顷）	72	71	75	70	68	72
村均玉米总种植面积（公顷）	54	51	57	51	49	55
村均小麦总种植面积（公顷）	53	51	55	51	49	53
最近化肥店距离（千米）	1.0	1.2	0.8	1.1	1.3	0.7

注：表中均值差异性检验均不显著。

资料来源：2009年9月中国科学院农业政策研究中心调研。

4.2 样本乡镇农技站及农技员基本情况介绍

本研究共涉及8个农技人员。在惠民县和寿光市，各乡镇农技推广服务统一由乡镇农技推广站负责，因此我们在每个样本乡镇确定一名农技人员来负责该镇3个培训村的氮肥施用技术推广服务。其中对负责乡镇1、乡镇3、乡镇5和乡镇7农技推广服务的农技员，我们根据其氮肥技术培训的执行情况，给予其激励性质的奖金，而对乡镇2、乡镇4、乡镇6和乡镇8的农技员给予固定奖金（见第3章实验设计)。

图4-1统计了惠民和寿光项目农技员在2009年各项工作时间比例。统计结果表明，惠民和寿光市农技员仅将1/5的时间投入到技术推广工作中。其中惠民农技员以乡镇中心工作为主（55%)，而寿光市农技员大部分时间从事涉农执法工作（60%)，调查中我们了解到农产品质量检测等

涉农执法工作能给寿光市农技员带来不少收益。

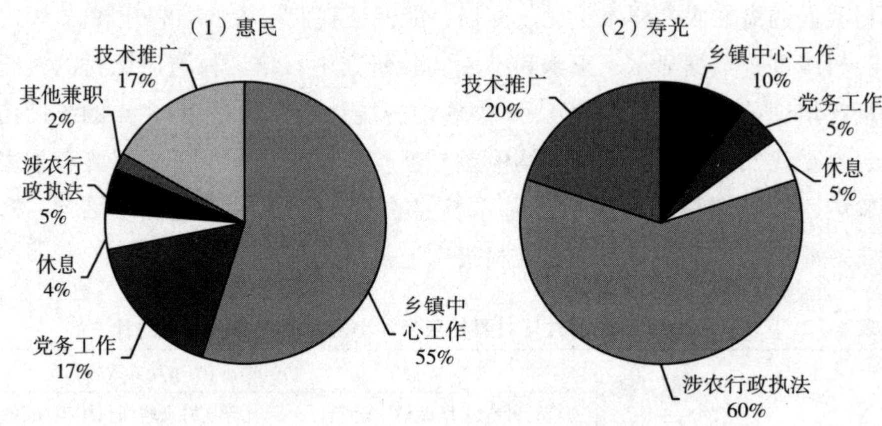

图4－1　2009年惠民和寿光项目农技员各项工作时间比例

表4－4总结了项目农技员基本信息。我们不难发现，寿光农技员平均年收入几乎是惠民农技员平均年收入的两倍。同时，各样本乡镇农技站均无农技推广类项目经费，这或许为实验推广激励机制的执行效果奠定了良好基础。

表4－4　　2009年各乡镇农技人员基本信息统计

乡镇	是否有激励	农技员个人特征							乡镇农技站基本情况		
		性别	年龄	学历	有无农学背景	职称	接受农技培训次数	年收入（元）	国家正式编制人员数	人员工资占总经费比例（%）	农技推广类项目经费（元）
惠民											
1	是	女	38	专科	有	中级	30	19 600	1	91	0
2	否	男	46	高中	无	中级	30	12 672	1	100	0
3	是	男	47	高中	无	无	30	16 672	2	100	0
4	否	男	45	专科	有	中级	5	12 000	1	100	0
寿光											
5	是	男	50	专科	有	中级	20	50 000	8	74	0
6	否	男	39	专科	有	中级	15	30 000	9	100	0
7	是	男	47	专科	有	中级	40	38 000	7	100	0
8	否	男	37	本科	有	中级	15	26 000	8	100	0

资料来源：中国科学院农业政策研究中心调研。

4.3 农户抽样与调查

4.3.1 玉米农户抽样与调查

按照玉米实验设计（详见第3章），我们在每个培训村从接受过玉米氮肥施用技术培训的农户和未接受过培训的农户中各抽取10名农户，同时在每个对照村随机抽取20名农户。于是研究设计样本包括480名培训村玉米种植户（240培训户和240个非培训农户）和160名对照村玉米种植户。然而非常有趣的是，根据我们对农户进行的秘密访谈，发现农技员并未按要求的培训力度在培训村开展玉米氮肥施用技术培训，培训村中接受过氮肥施用技术培训的农户不足30%。于是，我们调整了随机抽样方案，具体抽样方式如下。

我们采用等距抽样法在每个培训村和对照村中分别抽取30个和20个农户样本[①]。2009年11月玉米收获后，我们分赴样本地区展开调查。我们先从村干部手中获取该村农户花名册，将当年未种玉米的农户从名单中剔除，依照剩余农户名单将农户从1开始编号，用该村农户总数除以我们要抽取的样本数（30或20）计算出一个距离K，然后随机产生一个不大于K的随机数n，则编号为n的农户即为抽取的第一个农户；往下顺延，则编号为n+K的农户为第二个农户，依此类推，抽出所有农户。

农户名单确定后，调查队员开始根据我们设计的调查表格与农户进行面对面的访谈。调研内容主要包括2009年玉米的生产投入、产出和农户基本情况。由于每个农户可能不只种植一块玉米地块，各地块土质、肥力的差异可能会影响农民对其的各项投入，为方便农户回忆与计算，我们仅调查该农户最大的玉米地块。在每个培训村，我们根据农户是否参加了当地农技员组织的玉米氮肥施用技术培训将其分成两组：培训村培训户和培训

① 由于村庄大小不一以及剔除了一个不施肥的农户样本，最后有的村农户样本量有些许变化，培训村样本量最小18，最大43，对照村样本量最小17，最大20。

村非培训户。

4.3.2 小麦农户抽样与调查

小麦实验研究中的两次农户调研分别进行于2009年9月（小麦种植前）和2010年7月（小麦收获后）。与玉米调查类似，我们调查农户最大小麦地块上的生产投入、产出和农户基本情况。

小麦农户抽样过程与玉米实验相似，即利用等距抽样法分别在每个培训村和对照村中随机抽取40名和20名小麦种植农户。2010年7月回访小麦农户时，在每个培训村，我们根据农户是否参加了当地农技员组织的小麦氮肥施用技术培训将其分成两组：培训村培训户和培训村非培训户。

4.4 玉米农户特征及其分布

4.4.1 玉米农户样本分布

玉米实验中，我们共调查1 043名农户，其中培训村农户739个，对照村农户304个。调查中我们发现有两个乡镇的农技员（惠民和寿光各1名）由于工作原因未能按计划参加项目，为避免由此对实验研究带来的非项目干扰，我们在玉米分析中删除这两个乡镇的农户样本。最后研究共涉及6个乡镇的812个农户。

玉米实验研究812个农户样本中，培训村农户样本为576，对照村农户为236（表4－5）。培训村中有103个接受过技术推广人员培训的农户（培训户，下同）和473个非培训户。培训户中，有激励奖金的农技员所培训的农户（激励干预培训户，下同）为68个，无激励奖金的农技员所培训的农户（非激励干预培训户，下同）为35个。

农户样本分布反映如下两点信息：第一，惠民培训村农户培训比例偏低，未达到我们要求的30%覆盖率（见第3章实验流程）。如表4－5所示，惠民县培训户仅有 37 个，培训村平均农户培训比例仅为 11%（37/350）。寿光市平均农户培训比例为 29%（26/226），基本达到项目要求。第二，有激励奖金的农技员培训的农户数量较多。如表 4－5 所示，在惠民所有 37 个培训户中，非激励干预培训户仅占 19%。

表 4－5　　玉米农户样本分布

	两县样本加总	惠民	寿光
所有农户样本	812	470	342
培训村	576	350	226
（1）培训户	103	37	66
激励	68	30	38
非激励	35	7	28
（2）非培训户	473	313	160
对照村农户	236	120	116

资料来源：中国科学院农业政策研究中心调研。

4.4.2　玉米农户样本特征

表 4－6 将玉米实验中所有农户分为培训激励干预户、培训非激励干预户、培训村非培训户和对照村农户四类，并进行了农户基本特征的统计与对比。统计数据反映了玉米种植前培训户与非培训户基本无差异，同时激励干预培训户与非激励干预培训户也无系统差异。例如，四类农户平均家庭人口均为 4 人左右，统计上无显著差异（见表 4－6）。同时，从农户其他家庭相关信息（如，土地面积，户主年龄，玉米种植前家庭劳动力非农比例，人均家庭财产以及最近化肥店距离等）来看，培训户与非培训户在统计上无显著差异。在户主受教育程度上，培训户与非培训户有显著差异，激励干预培训户和非激励干预培训户平均受教育年限分别为 7.6 年和 7.2 年，比培训村非培训户和对照村农户（分别为 6.5 年和 6.7 年）均多，尽管如此他们之间的差异仅有一年。另外，激励干预户与非激励干预户仅在家庭耕地面积上有显著差异（见表 4－6）。

表 4-6　玉米实验培训户与非培训户 2009 年基本特征统计与比较

	培训户		非培训户		均值差异性检验		
	激励 (1)	非激励 (2)	培训村 (3)	对照村 (4)	H_0: (1)+(2)=(3) (5)	H_0: (1)+(2)=(4) (6)	H_0: (1)=(2) (7)
家庭耕地面积（公顷）	0.5	0.7	0.6	0.6	0.927	0.927	0.007**
家庭人口	4.2	3.8	4.0	3.8	0.895	0.895	0.231
户主年龄	50.8	53.2	50.3	51.0	0.268	0.268	0.247
户主受教育程度	7.6	7.2	6.5	6.7	0.007**	0.007**	0.536
玉米种植前非农劳动力比例	33	22	27	25	0.342	0.342	0.052
人均财产（千元）	20	25	19	20	0.2	0.2	0.14
最近化肥店距离（千米）	1.0	0.9	1.1	0.8	0.257	0.257	0.438

注：(5)、(6)、(7) 列中数值均为均值差异性检验 P 值。

资料来源：中国科学院农业政策研究中心调研。

4.5　小麦农户特征及其分布

4.5.1　小麦农户样本分布与说明

为了更好地反映培训前、后小麦农户施肥行为变化和差异，我们对小麦样本农户进行了两次问卷调研。其中基线调研开展于2009 年9 月（小麦种植前），设计有效样本1 263 个。2010 年7 月追踪调查时，我们成功回访了1 227 个农户，遗失农户样本36 个，样本损耗率为3%(36/1 263)。

为了核查遗失农户的自选择性，我们对比遗失农户样本与回访农户样本的特征（见表4-7），结果显示，回访农户与遗失农户除了在2008/2009 年小麦种植面积及单产上有显著差异外，其他各项特征（如户主特征、家庭特征以及其他土地特征）均无显著差异。因此，这种由样本遗失引起的影响评估结果的偏误可忽略不计，本研究将仅基于1 227 个有效回访农户样本。

表 4－7　　小麦回访农户样本与遗失农户样本 2009 年基本特征比较

	平衡农户样本 (1)	遗失农户样本 (2)	均值差异性检验 H_0:(1)=(2) (3)
农户样本数	1 227	36	
户主特征			
户主性别（女=1；男=0）	0.07	0.11	0.42
户主年龄	51	50	0.861
户主受教育年数	6.8	6.4	0.438
家庭特征			
家庭人口	4.0	3.6	0.089
劳动力占家庭人口比例（%）	74.9	75.8	0.776
非农劳动力占家庭人口比例（%）	26	23	0.39
家中是否有村干部（是=1；0=否）	0.06	0	0.135
家庭人均财产（千元）	19	20	0.693
土地特征			
家庭经营耕地总面积（公顷）	0.51	0.41	0.115
2008/2009 年小麦种植面积（公顷）	0.34	0.23	0.009**
2008/2009 年小麦单产（千克/公顷）	6 606	6 151	0.016*

注："*"和"**"分别表示在 5% 和 1% 的水平下有显著差异，列（3）中数值为 P 值。
资料来源：中国科学院农业政策研究中心调研。

小麦实验的影响评估研究共涉及小麦农户 1 227 个，其中培训村农户样本 927 个，对照村样本为 300 个。培训村中，培训户样本共计 474 个，非培训户为 453 个。培训村培训户中，由受激励的农技员培训的农户（激励干预培训户，下同）共 232 个，非激励干预户（非激励干预培训户，下同）242 个。

图 4－2 和表 4－8 描述了小麦农户样本分布，反映了如下两点信息。第一，培训村中农户培训覆盖率达到 50%。如图 4－3 所示，培训村培训户与培训村非培训农户数量相当，在总样本中分别占 37% 和 36% 的比例。第二，有激励的农技员与无激励的农技员在培训覆盖面上无显著差异。激励干预培训户与非激励干预培训农户数量相当，在总样本中分别占 18% 和 19% 的比例。

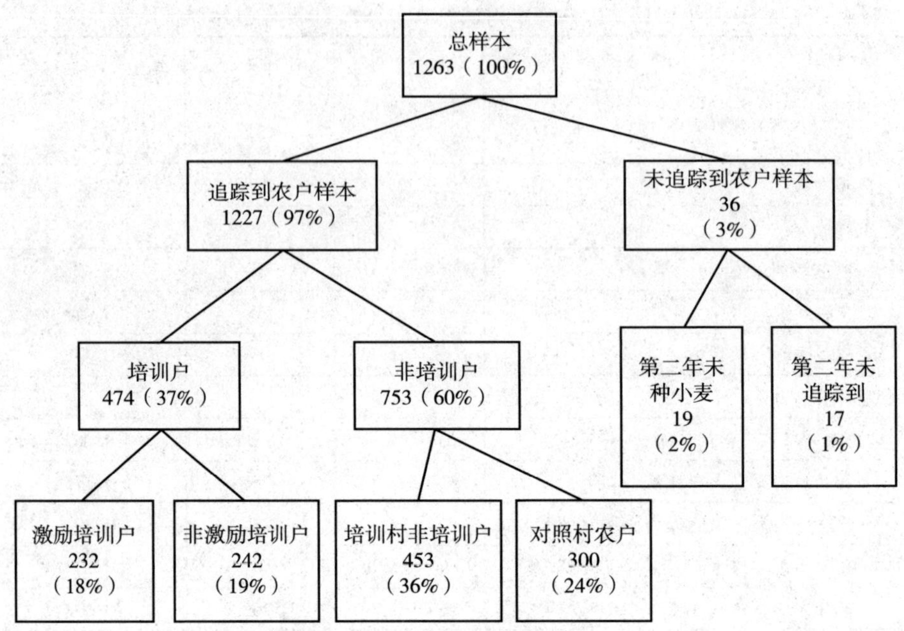

图 4－2　小麦农户总样本分布

表 4－8　小麦回访农户样本分布

	两县样本加总	惠民	寿光
所有农户样本	1 227	601	626
培训村	927	451	476
（1）培训户	474	220	254
激励	232	105	127
非激励	242	115	127
（2）非培训户	453	231	222
对照村农户	300	150	150

资料来源：中国科学院农业政策研究中心调研。

4.5.2　小麦农户样本特征

表 4－9 中，我们对比分析了四类农户（培训激励干预户、培训非激励干预户、培训村非培训户和对照村农户），结果显示，2009 年培训户与非培训户基本无差异，同时培训激励干预户与培训非激励干预户也无系统

差异。如表4-9所示，培训村培训户与培训村非培训户在所有指标上均无显著差异（列5），培训村培训户与对照村农户仅在2008/2009年小麦种植面积方面有显著差异（列6）。激励干预培训户与非激励干预培训户在户主及家庭特征上无显著差异，仅在土地特征（如家庭经营耕地面积，2008/2009年小麦种植面积及单产）方面有显著差异（列7）。

表4-9　小麦回访农户中培训户与非培训户2009年基本特征统计与比较

	培训户		非培训户		均值差异性检验		
	激励 (1)	非激励 (2)	培训村 (3)	对照村 (4)	H_0: (1)+(2)=(3) (5)	H_0: (1)+(2)=(4) (6)	H_0: (1)=(2) (7)
户主特征							
户主性别（女=1；男=0）	0.07	0.06	0.09	0.07	0.288	0.894	0.625
户主年龄	50	51	50	52	0.94	0.098	0.42
户主受教育年数	7.2	6.7	6.7	6.8	0.269	0.749	0.099
家庭特征							
家庭人口	4.01	3.93	3.97	4.01	0.992	0.677	0.499
劳动力占家庭人口比例（%）	74	75	74	76	0.952	0.356	0.385
非农劳动力占家庭人口比例（%）	23	27	28	26	0.112	0.839	0.061
家中是否有村干部（是=1；0=否）	0.05	0.07	0.05	0.07	0.791	0.464	0.381
家庭人均财产（千元）	18	20	19	18	0.745	0.384	0.216
土地特征							
家庭经营耕地总面积（公顷）	0.48	0.54	0.50	0.51	0.607	0.981	0.023*
2008~2009年小麦种植面积（公顷）	0.31	0.36	0.33	0.38	0.542	0.025*	0.022*
2008~2009年小麦单产（千克/公顷）	6 775	6 477	6 536	6 687	0.221	0.442	0.004**

注：(5)、(6)、(7) 列中数值均为均值差异性检验P值。

资料来源：中国科学院农业政策研究中心调研。

4.6 样本地区农户粮食生产化肥施用现状

4.6.1 农户玉米生产化肥施用

2009年农户玉米生产中的化肥施用统计信息表明，氮肥是样本地区农户在玉米种植过程中的主要用肥，其中尿素是农户氮肥施用的主要来源。如图4－3所示，样本农户在2009年玉米生产中平均施用氮肥约250千克/公顷（折纯量，下同），平均每公顷磷肥施用量不足100千克，钾肥施用量更少。农户玉米生产氮肥施用的主要来源是尿素、磷酸二铵以及其他复合肥，其中尿素施用量在所有施用氮肥中所占比例高达70%（见图4－4）。

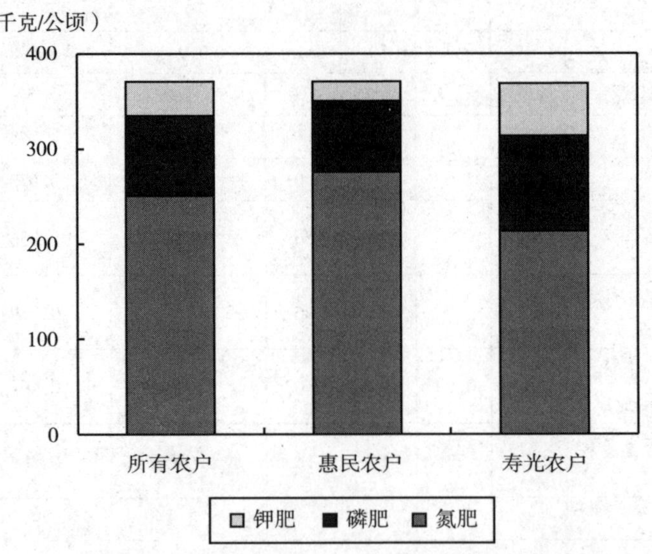

图4－3　2009年农户玉米生产化肥施用量（折纯量）

惠民和寿光农户玉米生产施肥习惯存在如下两点差异。首先，惠民农户在玉米种植过程中平均氮肥施用总量比寿光农户多，磷肥和钾肥施用量比寿光农户少。如图4－4所示，惠民农户在2009年玉米生产中平均每公顷氮肥施用总量比寿光农户多约50千克，但钾肥用量不到寿光农户施用量的一半，磷肥施用量也较少。这可能与寿光农户在玉米氮肥施用中选择了较大比例的复合肥有关（见图 4－5）。其次，大多数惠民农户选择在玉米大喇叭口期施用氮肥，而寿光农户将大部分氮肥投入于玉米小喇叭口期。如表 4－10 所示，2009 年 80% 的惠民玉米种植户选择在大喇叭口期施肥，而仅有 37% 的寿光玉米种植户在该时期施肥。67% 的寿光农户在玉米小喇叭口期施肥。

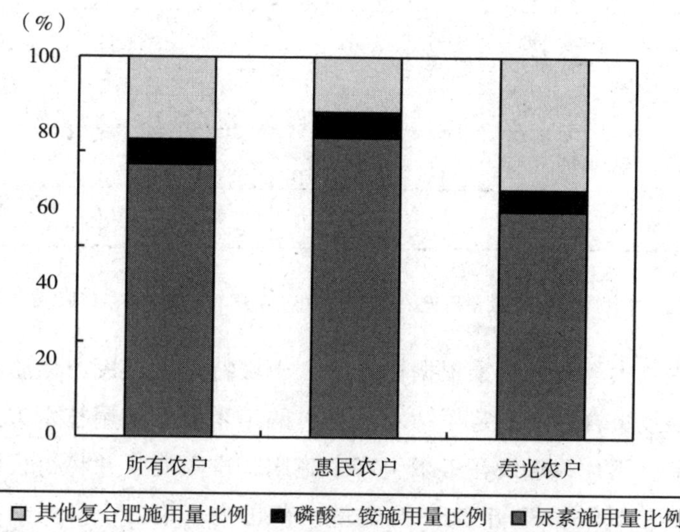

图 4－4　2009 年农户玉米生产氮肥（化肥）施用来源

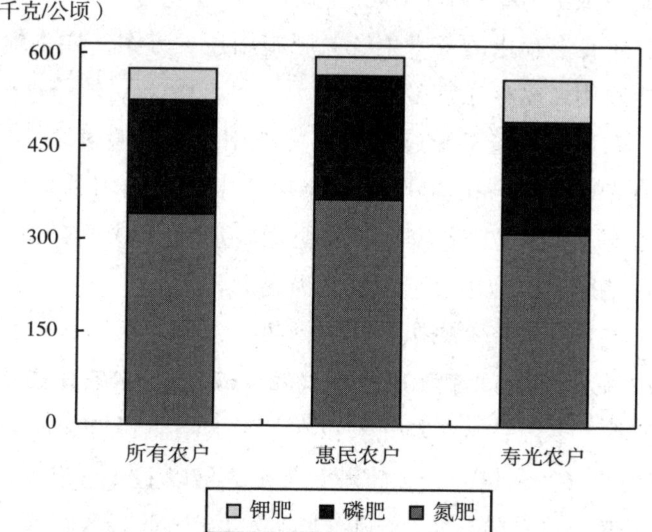

图 4－5　农户在 2008/2009 年小麦生产中化肥施用量（折纯量）

表4-10　　2009年农户在玉米各生长季节氮肥（化肥）投入情况

	播种前及苗期 (1)	小喇叭口期 (2)	大喇叭口期及以后 (3)
惠民			
施用氮肥的农户比例（%）	55	42	80
氮肥施用量[a]（千克/公顷）	38	67	169
寿光			
施用氮肥的农户比例（%）	25	67	37
氮肥施用量[a]（千克/公顷）	29	118	65

注：a表示N折纯量。

资料来源：中国科学院农业政策研究中心玉米和小麦氮肥管理技术推广调研。

中国农业大学技术专家根据样本地区土壤特点及农民习惯施肥量，经过与地方农技员合作，制定了针对培训村的玉米氮肥施用技术方案。方案有两点细节：第一，建议在玉米生产中施用2次氮肥，并将每公顷氮肥施用总量控制在150～180千克（折纯量）范围内。第二，将大喇叭口期之前每公顷氮肥施用量适当减至50～60千克，同时增加大喇叭口期及以后每公顷的氮肥用量至100～120千克。

对比技术专家提供的玉米生产氮肥施用技术方案，样本地区农户在玉米生产氮肥施用方面存在诸多问题。

首先，农户在种植玉米过程中氮肥施用总量普遍过高。如图4-4所示，尽管寿光地区农户在2009年玉米生产中氮肥施用总量相对较低（约210千克/公顷），但仍比专家推荐施肥量（150～180千克/公顷）高15%以上。惠民地区氮肥施用过量现象尤为突出。

其次，农户在玉米大喇叭口期之前投入氮肥过多。惠民农户在大喇叭口期前平均每公顷投入氮肥105千克（38+67），比专家建议施肥量（50～60千克/公顷）多近一倍，寿光农户在玉米大喇叭口期之前的氮肥投入量145千克/公顷（29+118），比推荐量多1.4倍以上（见表4-10）。

再次，寿光农户在玉米大喇叭口期及以后氮肥投入过少。如表4-10所示，寿光玉米种植户在大喇叭口期及之后平均每公顷氮肥投入量为65千克，比专家推荐施肥量（100~120 千克/公顷）少近1倍。

4.6.2　农户小麦生产化肥施用

为了更科学地反映样本地区农户小麦生产化肥施用的情况，我们统计了农户在2008/2009年小麦生产中的氮肥投入信息。统计数据反映样本地区农户小麦生产存在如下几点特征。

首先，氮肥是农户小麦生产的主要用肥，尿素是农户氮肥施用的主要来源。如图4-5所示，两地区农户在2008/2009年小麦生产中每公顷氮肥总施用量在300千克以上，而每公顷磷肥施用量不到200千克，钾肥更少。在农户氮肥施用总量中，有60%以上源自尿素（见图4-6）。

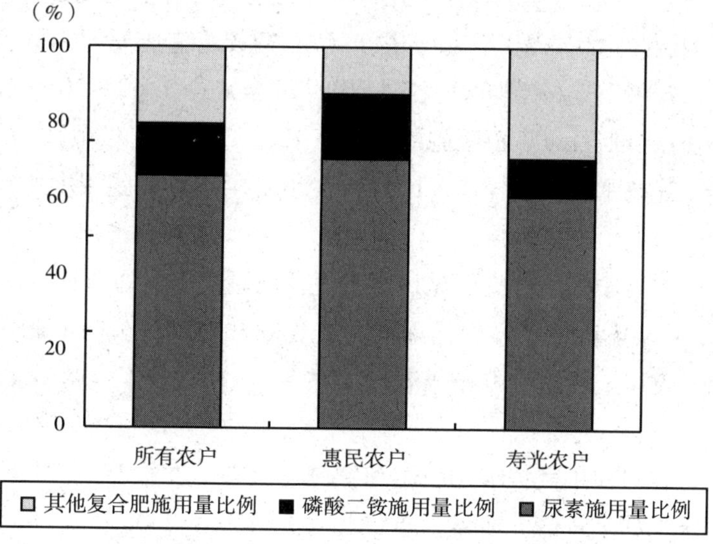

图4-6　农户在2008/2009年小麦生产中氮肥（化肥）施用来源

其次，农户小麦生产中的氮肥投入主要集中在播种前以及返青起身期。如表4-11所示，在2008/2009年小麦种植过程中，95%的惠民农户和99%的寿光农户选择在小麦播种前施用氮肥，91%的惠民农户和78%的寿光农户在小麦返青起身期施肥。

表 4-11　农户在 2008/2009 年小麦各生长季节氮肥（化肥）投入情况

	播种前	越冬前及越冬期	返青起身期	拔节期及以后
	(1)	(2)	(3)	(4)
惠民				
施用氮肥的农户比例（%）	95	2	91	32
氮肥施用量[a]（千克/公顷）	107	3	210	47
寿光				
施用氮肥的农户比例（%）	99	11	78	2
氮肥施用量[a]（千克/公顷）	145	20	147	3

注：a 表示 N 折纯量。

资料来源：中国科学院农业政策研究中心玉米和小麦氮肥管理技术推广调研。

中国农业大学技术专家针对样本地区农户小麦生产也提供了推荐施肥方案，具体为：（1）建议在小麦全生育期内适当增加施肥次数，并将氮肥施用总量控制在 180~210 千克/公顷；（2）建议将追肥时期由返青期推迟到拔节期，并将小麦拔节期前氮肥施用量适当减少至 60~70 千克/公顷，同时将小麦拔节期及以后氮肥施用量增至 120~140 千克/公顷。

根据上述技术方案，样本地区农户在小麦生产氮肥施用中主要存在以下问题。

第一，农户小麦生产氮肥施用总量过量问题突出。如图 4-6 所示，在 2008/2009 年小麦种植过程中，惠民和寿光农户平均每公顷氮肥投入总量均在 300 千克以上，这比专家推荐施肥总量（180~210 千克/公顷）至少多 40%。

第二，农户在小麦拔节期前施用氮肥尤其多，在拔节期及以后氮肥投入严重不足。如表 4-11 所示，惠民和寿光农户在 2008/2009 年小麦生产中分别将 320 千克/公顷（107+3+210）和 312 千克/公顷（145+20+147）的氮肥投入于拔节期前，比建议施用量（60~70 千克/公顷）高三倍以上。惠民小麦种植户在拔节期及之后平均每公顷仅投入氮肥 47 千克，比专家推荐量（120~140 千克/公顷）少 60% 以上。仅有 2% 的寿光小麦种植户选择在拔节期及以后施用氮肥。

第5章

技术培训和推广激励机制对农户玉米氮肥施用的影响

本章将探讨农业技术培训与推广激励机制对农户玉米生产氮肥施用的影响。第4章我们从统计上讨论了培训户与非培训户、激励干预培训农户与非激励干预培训农户统计上无显著差异，在此基础上，本章将对比分析培训户与非培训户、激励干预培训农户与非激励干预培训农户在玉米种植过程中氮肥施用的差异，并试图回答：（1）在当前公共农技推广体系下，能否通过单一经济激励机制促使技术推广人员下乡为农民培训玉米氮肥施用技术？（2）玉米生产氮肥施用技术培训能否减少农户玉米生产氮肥施用量？（3）农民会如何采用对技术推广人员提供的玉米生产氮肥施用技术？

中国农业大学技术专家在对农技人员进行玉米生产氮肥施用技术培训时提出了“总量控制，分期调控”的施肥原则。他们根据当地土壤特点及农民施肥习惯，制定了针对培训村的玉米氮肥施用技术方案，具体为：（1）建议在玉米生长期间施两次肥，分别在大喇叭口期之前和大喇叭口期之后（含大喇叭口期，下同），并将每亩氮肥施用总量（折纯量，下同）控制在10～12千克（或每公顷150～180千克）范围内；（2）适当减少大喇叭口期之前的氮肥用量至50～60千克/公顷，同时增加大喇叭口期以后的氮肥用量至100～120千克/公顷。因此，在考察农户玉米生产中的施肥行为时，我们用氮肥施用量和施用次数来衡量农户玉米生产氮肥施用行为。

本章其余部分内容安排如下。首先，描述技术推广人员下乡开展玉米生产氮肥施用技术培训情况，比较激励干预培训农户与非激励干预培训农户在玉米生产过程中的氮肥施用。其次，对比培训户与非培训农户玉米生产氮肥施用行为，分析技术培训对农民施肥行为的影响。再次，进行玉米种植户的氮肥施用行为和农户特征的相关分析。接下来，建立计量经济模型，通过多元回归分析方法，系统分析氮肥施用技术培训对农户玉米生产施肥行为的影响。最后是本章的结论。

5.1 推广激励机制与农户玉米氮肥施用

5.1.1 推广激励机制与技术推广人员开展玉米氮肥施用技术培训

第4章提到，调查中我们发现有两个农技人员（乡镇4和乡镇7）未能按计划参与项目，为避免由此对实验研究带来的非项目干扰，本研究将删除这两个乡镇的农户样本。

表5-1统计了技术推广人员下乡开展玉米生产氮肥施用技术培训的情况。统计结果表明，单一经济激励难以促进技术推广人员下乡开展技术培训服务。如表5-1所示，虽然负责乡镇3培训村的农技人员收到我们带有激励性的奖金承诺，但在其开展服务的三个培训村中，平均培训比例仅有7%，远未达到项目要求的30%的覆盖率。而未收到激励性奖金承诺的乡镇8农技员，在其负责的3个培训村中对35%的农户进行了玉米生产氮肥施用技术培训（表5-1，行6）。

表5-1 技术推广人员下乡开展玉米生产氮肥施用技术培训情况

乡镇	是否有激励	实际培训村数量	培训村培训户数量	培训村非培训户数量	培训比例（%）
惠民					
1	是	3	22	94	19
2	否	2	7	112	6
3	是	3	8	107	7
寿光					
5	是	3	38	54	41
6	否	1	3	60	5
8	否	3	25	46	35

资料来源：中国科学院农业政策研究中心调研。

5.1.2　推广激励机制与农户玉米氮肥施用

在评估激励机制的影响时，我们将培训户划分为激励干预培训农户和非激励干预培训农户两类。在上一章，我们从统计上讨论了激励干预培训农户与非激励干预培训农户无显著差异，利用此结果，本节将通过对比分析激励干预培训农户与非激励干预培训农户在玉米生产氮肥施用上的差异，评估推广激励机制对农户玉米生产氮肥施用的影响。

表 5-2 比较了激励干预培训户和非激励干预培训农户在 2009 年玉米种植过程中的氮肥施用总量和施用次数，统计结果表明，推广激励机制并未显著影响农户氮肥施用行为。如表 5-2（行 1）所示，激励干预培训农户平均每公顷玉米氮肥施用总量为 210 千克，比非激励干预培训农户平均投入量（182 千克/公顷）还多。说明在当前公共农技推广体制下，单一经济激励对加强农技人员进行玉米氮肥施用技术推广服务的影响有限。这与相关文献研究结果基本一致。胡瑞法等（2004a）通过对全国 7 个省 28 县 1 245 位农技推广人员调查数据的分析发现，当前政府增加农业技术推广投资的效果及其对农技人员下乡为农民服务的激励非常有限。

表 5-2　2009 年激励培训户与非激励培训户玉米氮肥施用总量和施用次数对比

	激励干预培训户 (1)	非激励干预培训户 (2)	均值差异性检验　$H_0:(1)=(2)$ (3)
施用量（千克/公顷）[a]	210	182	0.168
施用次数	1.6	1.2	0.003**

注：a 表示 N 折纯量。

资料来源：中国科学院农业政策研究中心调研。

5.2　技术培训与农户玉米氮肥施用

在评估玉米氮肥施用技术培训项目的影响时，我们将玉米种植户划分为培训村培训户、培训村非培训户和对照村农户三类来比较分析。上一章描述统计讨论了这三类农户统计上无显著差异，利用此结果，本节将分析技术培训与农户玉米生产氮肥施用的相关关系。

5.2.1 培训户与非培训户玉米生产氮肥施用总量和施用次数对比

表5-3和表5-4总结了培训户与非培训户施肥的对比情况。通过表5-3、表5-4，可以得出如下几点主要结论。

表5-3　2009年培训户与非培训户玉米生产肥料施用情况对比

	培训户	非培训户	
		培训村	对照村
	(1)	(2)	(3)
化肥			
施用次数	1.48	1.68 **	1.56
氮肥施用次数	1.48	1.68 **	1.56
施用量（千克/公顷）[a]			
N	201	252 **	259 **
P	88	85	86
K	45	30 **	43
有机肥			
施用次数	0	0.03	0.03
施用量（千克/公顷）[a]	0	4	2

注：** 表示与培训户均值相比在1%的显著水平下有显著差异，此处无5%的显著水平下的显著情况，a表示N、P、K折纯量。

资料来源：中国科学院农业政策研究中心调研。

表5-4　2009年培训户与非培训户玉米生产氮肥施用来源对比　单位：%

	培训户	非培训户	
		培训村	对照村
	(1)	(2)	(3)
尿素	62	75 **	70 **
磷酸二铵	6	8	5
其他复合肥	32	17 **	25

注：** 表示与培训户均值相比在1%的显著水平下有显著差异，此处无5%的显著水平下的显著情况。

资料来源：中国科学院农业政策研究中心调研。

(1) 培训并未改变农户的施肥次数。如表5-3（行1-2）所示，即使接受过氮肥技术培训，培训村培训户施肥次数为1.48次，同非培训农户（1.68）相比统计上有显著差异。对照村农户平均化肥施用次数（1.56）也比培训户多，但统计上无显著差异。对此，可能有两种解释：第一，农户在长期生产实践过程中已养成了一次施肥的习惯，而这种习惯很难在短期内改变；另一方面，提高施肥频率（如2次）必然增加劳动用工。

（2）样本地区农户玉米氮肥施用普遍过量，氮肥施用技术培训对减少农户玉米生产氮肥施用总量有效。培训村非培训户与对照村农户平均氮肥施用量高达252千克/公顷和259千克/公顷，比专家建议施肥量（150～180千克/公顷）高40%以上。与两类非培训户相比，接受技术培训的农户氮肥施用总量显著偏低（表5-3，行3）。但尽管如此，培训村培训户施肥总量（201千克/公顷）仍比专家建议施肥量（150～180千克/公顷）高20%。

（3）技术培训并未显著影响农户磷肥和钾肥施用量。如表5-3所示，培训村培训户每公顷平均磷肥和钾肥施用量分别为88千克和45千克，而对照村农户分别为86千克和43千克，培训村与对照村并没有显著性差异。

（4）农户在小麦生产中有机肥投入较少，培训未影响有机肥施用。如表5-3所示，仅有极少农户在玉米生产中施用有机肥，参加培训并未促使农户多投入有机肥。因此，本研究主要考虑化肥中氮肥施用，下文所述氮肥均指化肥投入中的氮肥。

（5）氮肥是农户在玉米种植过程中的主要用肥，其中尿素是农户氮肥施用的主要来源。氮肥施用次数与化肥施用次数持平，而且在农户化肥总投入中氮肥比例占一半以上。样本地区农户玉米生产氮肥施用的主要来源是尿素、磷酸二铵以及其他复合肥，其中尿素在各组农户氮肥施用中占至少60%的比例。与非培训户相比，培训户使用了更多其他复合肥（表5-4，行3）。

5.2.2　培训户与非培训户玉米生产氮肥分期施用量对比

既然参加氮肥施用技术培训后农民显著减少了玉米生产氮肥施用总

量，那么他们会如何采用技术推广人员提供的氮肥施用技术？技术培训是否能同时促进农户分期调控氮肥施用、实现平衡大喇叭口期前后氮肥施用量的目标？对此，我们还需要进一步分析。

表5－5对比了样本地区培训户与非培训户玉米生产氮肥分期投入情况。统计结果表明，农民并未按照技术推广人员提供的施肥方式和时间进行玉米生产施肥，他们仅仅按照自己简单的方式施肥。如表5－5（行2－4）所示，大喇叭口期前培训户玉米生产每公顷平均氮肥投入101千克，显著比对照村农户（132千克/公顷）少，但仍比专家推荐用量高（50～60千克/公顷）许多。参加过技术培训的农户在玉米大喇叭口期及以后的平均氮肥用量为100千克/公顷，显著比培训村非培训户（130千克/公顷）低。技术培训似乎仅起到减少农民每次氮肥施用量的作用，而未达到平衡玉米前后期氮肥养分的效果。

表5－5　2009年培训户与非培训户玉米生产分期氮肥施用量对比

	氮肥施用量[a]（千克/公顷）		
	施用总量 （1）	大喇叭口期前 （2）	大喇叭口期后 （3）
所有农户	248	122	126
培训村培训户	201	101	100
培训村非培训户	252 **	122	130 *
对照村农户	259 **	132 *	127
惠民	274	105	169
培训村培训户	238	102	136
培训村非培训户	268	104	164
对照村农户	301 **	108	193 *
寿光	211	146	65
培训村培训户	179	99	80
培训村非培训户	221 **	158 **	63
对照村农户	217 *	157 **	60

注：a表示N折纯量。* 和 ** 分别表示与培训户均值相比在5%和1%的水平下有显著差异。

资料来源：中国科学院农业政策研究中心调研。

为验证上述假说，需要分地区对比分析培训户与非培训户分期氮肥施用情况（表5－5，行5－12；表5－6；表5－7）。

表5－6　　2009年培训户与非培训户玉米生产氮肥施用频率对比　　单位：%

	培训户 （1）	非培训户	
		培训村 （2）	对照村 （3）
惠民			
施用一次	19	24	28
大喇叭口期前施	14	11	14
大喇叭口期后施	5	13	14
施用两次	70	66	65
大喇叭口期前后各施一次	59	53	57
仅在大喇叭口期前施	11	9	6
仅在大喇叭口期后施	0	4	2
施用三次	11	10	7
大喇叭口期前后均施	11	10	7
仅在大喇叭口期前施	0	0	0
仅在大喇叭口期后施	0	0	0
寿光			
施用一次	80	66	69
大喇叭口期前施	50	48	51
大喇叭口期后施	30	18	18
施用两次	20	33	30
大喇叭口期前后各施一次	12	17	15
仅在大喇叭口期前施	5	16	14
仅在大喇叭口期后施	3	0	1
施用三次	0	1	1

注：惠民地区（行1～11）（1）列百分比值以惠民县培训村培训户总样本37为基数，（2）列百分比值以惠民县培训村非培训户总样本313为基数，（3）列百分比值以惠民县对照村农户总样本120为基数；寿光（行12～19）（1）列百分比值以寿光市培训村培训户总样本66为基数，（2）列百分比值以寿光市培训村非培训户总样本160为基数，（3）列百分比值以寿光市对照村农户总样本116为基数。

资料来源：中国科学院农业政策研究中心调研。

表 5-7　2009 年培训户与非培训户按玉米施肥次数分期氮肥施用量统计　单位：千克/公顷

	培训户（1）	非培训户	
		培训村（2）	对照村（3）
惠民			
施用一次	192	204	221
大喇叭口期前氮肥用量	135	80	102
大喇叭口期后氮肥用量	57	124	119
施用两次	240	276	328 **
大喇叭口期前氮肥用量	93	105	104
大喇叭口期后氮肥用量	147	171	224 **
施用三次	309	379	375
大喇叭口期前氮肥用量	105	159	165
大喇叭口期后氮肥用量	204	220	210
寿光			
施用一次	159	190 *	192 *
大喇叭口期前氮肥用量	90	136 **	142 **
大喇叭口期后氮肥用量	69	54	50
施用两次	263	276	272
大喇叭口期前氮肥用量	137	194	190
大喇叭口期后氮肥用量	126	82	82
施用三次	—	388	271

注：* 和 ** 表示与培训户均值相比分别在5%和1%的显著水平下有显著差异，表格中数值表示N折纯量。

资料来源：中国科学院农业政策研究中心调研。

统计结果反映了如下几点信息。

（1）两地区农户在玉米生产中分期氮肥施用习惯差异较大。惠民农民习惯将较多氮肥投入到大喇叭口期以后，而寿光恰好相反。如表 5-5（行 5-12）所示，玉米大喇叭口期前惠民和寿光农民平均每公顷氮肥施用量分别为 105 千克/公顷和 146 千克/公顷；而在玉米大喇叭口期以后惠民农户平均每公顷投入纯氮高达169千克，几乎是寿光农民投入量（65千克/公顷）的三倍。

（2）惠民大多数农户在玉米生产中施肥不止一次，寿光农户则以一次施肥为主。例如，对比两县培训村培训户（表5－6，列1）与对照村农户（表5－6，列2）氮肥施用频率，惠民培训户与对照村农户中玉米生产氮肥施用两次以上的农户比例分别为81%（70＋11，表5－6，列1）和71%（65＋7，列3），而在寿光这两个数字分别为20%（20＋0，列1）和31%（30＋1，列3）。

（3）大多数惠民县的农户施肥不止一次，而寿光农户大部分仅施一次氮肥。例如我们比较了两县参与过技术培训的农户组和对照村农户组的氮肥施用频率，惠民县培训组农户和对照村农户组施用两次以上氮肥的农户比例分别为81%（70＋11，表7－2，列1）和72%（65＋7，列3），而在寿光这两个比例分别为20%（20＋0，列1）和31%（30＋1，列3）。

（4）大部分施肥多次的农户在玉米大喇叭口期前后均施肥。在惠民培训村培训户中，70%（59＋11，表5－6，列1）的农户玉米大喇叭口期前后均施肥，有11%的农户选择仅在大喇叭口期前施肥。在惠民培训村非培训户和对照村农户中，分别有63%（53＋10，列2）和64%（57＋7，列3）的农户在玉米生产前后期均投入氮肥。施肥两次以上的寿光农户中在玉米大喇叭口期前后均施用氮肥的农户比例虽然没有惠民高，但也超过50%。

（5）惠民和寿光农民在玉米生产中的不同种植习惯使得氮肥施用技术培训在这两个县产生不同的技术效用。在惠民，由于当地的种植习惯是在大喇叭口期之后投入较多施肥量，因此技术培训显著减少了人们在大喇叭口期之后的氮肥投入量。如表5－7（行6）所示，施肥两次的惠民培训村培训户平均每公顷施用147千克/纯氮，比施肥频率相同的对照村农户（224千克/公顷）显著少许多。而在寿光，农民习惯于施一次肥，并将其投入到大喇叭口期之前，技术培训产生的效果即是培训农户显著减少了大喇叭口期之前的氮肥用量（表5－7，行11，列1），但仍比专家推荐施肥量（50－60千克/公顷）多。

5.3 玉米氮肥施用与农户特征

农户施肥行为可能还与其他因素相关。本节将分别就农户在玉米生长期内氮肥总投入量和施用总次数以及分期氮肥施用量分析其与农户特征的相关关系。表5－8总结了2009年农户玉米生产氮肥施用与农户特征的相关关系。

表5－8　　2009年农户玉米生产氮肥施用与农户特征

	农户样本量 (1)	化肥中氮肥施用量[a]（千克/公顷） (2)	化肥施用次数 (3)	大喇叭口期前氮肥施用量[a]（千克/公顷） (4)	大喇叭口期后氮肥施用量[a]（千克/公顷） (5)
按家庭耕地面积：					
<0.33公顷	223	256	1.47	143	113
0.33～0.56公顷	264	245	1.61	112	133
>0.56公顷	325	245	1.72	116	128
按户主年龄：					
<46岁	295	245	1.65	120	126
46～56岁	273	240	1.62	110	130
>56岁	244	260	1.58	139	121
按户主受教育程度：					
<6年	266	263	1.64	124	139
6～9年	456	244	1.60	123	121
>9年	90	225	1.67	115	109
按户主性别：					
女户主	105	274	1.73	113	161
男户主	707	244	1.60	124	120
按玉米种植前家庭非农劳动力比例：					
<25%	379	254	1.61	129	125
25%～50%	331	248	1.63	111	137
>50%	102	224	1.59	136	89

续表

	农户样本量 (1)	化肥中氮肥施用量[a]（千克/公顷） (2)	化肥施用次数 (3)	大喇叭口期前氮肥施用量[a]（千克/公顷） (4)	大喇叭口期后氮肥施用量[a]（千克/公顷） (5)
按人均财产:					
<1 万元	245	264	1.67	129	136
1 万~2 万元	250	237	1.61	113	124
>2 万元	317	244	1.58	125	119
按最近化肥店距离:					
<0.25 公里	324	255	1.62	114	141
0.25~1.5 公里	284	249	1.64	126	123
>1.5 公里	204	233	1.60	129	105

注：a 表示 N 折纯量。

资料来源：中国科学院农业政策研究中心调研。

5.3.1　农户玉米生产氮肥施用总量、施用次数与农户特征

统计结果表明，家庭经营耕地面积、户主受教育程度和户主性别、化肥交易交通成本等均与氮肥施用总量或施用次数相关。

首先，统计结果显示，家庭经营耕地面积同农户玉米生产氮肥施用总量呈负相关关系，与氮肥施用次数正相关。当家庭耕地面积从不足 0.33 公顷增加到 0.56 公顷以上时，氮肥平均施用量减少了四个百分点（表 5-8，行 1-3），且氮肥施用次数有明显增加趋势。这可能是因为家庭经营耕地面积越大，农业生产收入占家庭总收入比例越高，农民可能更注重减少生产成本，同时愿意投入的时间成本也越多。

其次，在户主特征上，户主年龄与玉米生产氮肥投入总量呈正相关关系，户主受教育程度与氮肥施用量呈负相关，户主性别对氮肥施用量有较明显影响。如表 5-8（行 7~9）所示，户主受教育程度高的农户，玉米

生产氮肥施用量呈减少趋势，而户主为女性的农户施肥量明显较户主为男性的多。对此，可能的解释是户主的受教育程度在很大程度上决定着劳动力的素质，户主受教育程度越高，接受农业相关知识的能力越强，会更加倾向于科学施肥；而男性户主可能比较精打细算，注重肥料利用效率。

农户家与化肥店的距离对施肥量有负影响。如表5－8所示，化肥店距离小于1.5公里的农户占75%，说明大部分农户能就近买到化肥。化肥店距离越远，氮肥施用量越小。

5.3.2 农户玉米生产氮肥分期施用量与农户特征

数据表明，农户家庭经营耕地面积越大，其技术采用越接近推荐施肥方式。如表5－8（行1～3）所示，当耕地面积从小于0.33公顷增至0.56公顷以上，农户平均每公顷玉米氮肥总投入从256千克降至245千克，减少趋势主要是由玉米大喇叭口期前氮肥平均施用量降低引起的（从143千克/公顷降至116千克/公顷）。同时，随着耕地面积增大，玉米大喇叭口期之后氮肥投入量呈增加趋势。

户主受教育程度和玉米种植前家庭劳动力非农比例也被认为与玉米种植分期氮肥投入相关。从表5－8（行7～9）可看出，户主受教育程度提高，氮肥总投入以及大喇叭口期前、后的氮肥用量均减少。需要特别注意的是，当越来越多的家庭劳动力投入到非农工作中时，氮肥施用总量呈减少趋势，且在很大程度上是由于玉米大喇叭口期之后氮肥投入的迅速减少导致的（表5－8，行12～14）。对此，可能的解释是增加玉米后期氮肥投入必然导致劳动用工的增加，而劳动力非农比例高的家庭，非农收入占家庭收入比例较大，从事农业生产的机会成本也更大。

5.4 技术培训对农户玉米氮肥施用影响的多元回归分析

以上单因素分析表明，农业技术培训对农民玉米氮肥施用有显著影响，为了系统地验证这种关系，我们需要建立计量经济模型，利用多元回归方法进行分析。本节将汇报计量经济分析结果。

5.4.1　计量模型设定

为分析农民施肥行为的影响因素，我们建立了如下计量模型：

$$N_i = a + b \cdot TF_i + c \cdot NTF_i + d \cdot HM_i + \varphi \cdot X + \varepsilon_i \tag{5.1}$$

$$Freq_i = a + b \cdot TF_i + c \cdot NTF_i + d \cdot HM_i + \varphi \cdot X + \varepsilon_i \tag{5.2}$$

$$FN_i = a + b \cdot TF_i + c \cdot NTF_i + d \cdot HM_i + e \cdot HM_i * TF_i + \varphi \cdot X + \varepsilon_i \tag{5.3}$$

$$SN_i = a + b \cdot TF_i + c \cdot NTF_i + d \cdot HM_i + e \cdot HM_i * TF_i + \varphi \cdot X + \varepsilon_i \tag{5.4}$$

其中，N_i 和 $Freq_i$ 分别表示第 i 个农户每公顷氮肥施用量和氮肥施用次数，FN_i 和 SN_i 分别表示第 i 个农户在玉米大喇叭口期前和大喇叭口期后每公顷氮肥投入量。*TF* 表示培训村培训户，为虚拟变量，当农户属于培训村培训户时为 1，否则为 0。*TF* 是模型的关键解释变量，用于衡量在控制其他影响因素下，氮肥技术培训对农户肥料施用行为的影响。*NTF* 表示培训村非培训户，它可用来反映技术培训信息是否在培训村内得到有效扩散。与 *TF* 类似，*NTF* 也是虚拟变量，当农户属于培训村非培训户时为 1，否则为 0。*TF* 和 *NTF* 的对照组是对照村农户。同时，为了检验地区间氮肥分期施用量的差异，我们分别引入了惠民县地区虚变量（*HM*）以及惠民县地区虚变量和技术培训的交叉项（*HM* * *TFarmT*）。

X 表示一系列体现农户特征的控制变量，包括家庭耕地面积，户主年龄、受教育程度和性别，玉米种植前家庭非农劳动力比例，家庭富裕程度（用人均耐用消费品财产金额来衡量）以及离最近化肥店的距离（公里）。ε_i 表示残差项。b，c，d，e 和 φ 代表待估计系数。模型中各变量的描述性统计特征见表 5-9。

表 5-9 农户玉米生产氮肥施用影响因素模型中所使用变量的描述性统计特征

	平均值	标准误
氮肥施用总量（千克/公顷）	250	119
化肥施用次数	1.62	0.60
大喇叭口期前氮肥施用量（千克/公顷）	122	108
大喇叭口期后氮肥施用量（千克/公顷）	126	124
是否培训村培训户（是=1；否=0）	0.13	0.33
是否培训村非培训户（是=1；否=0）	0.58	0.49
惠民县（是=1；否=0）	0.58	0.49
交叉项：培训户 * 惠民县虚变量	0.05	0.21
家庭耕地面积（公顷）	0.56	0.41
户主年龄	51	11
户主受教育程度（年）	7	3
户主是否为女性（是=1；否=0）	0.13	0.34
2009 年玉米种植前家庭非农劳动力比例（%）	26	28
2009 年人均财产（千元）	20	19
最近化肥店距离（千米）	1.03	1.03
县虚变量（惠民=1；寿光=0）	0.58	0.49

资料来源：中国科学院农业政策研究中心调研。

我们采用普通最小二乘法（OLS）及其对数变换估计方程（5.1），采用泊松模型估计方程（5.2）。线性模型可直接估计边际效应，对数模型则反映弹性变化。当然，对数变换仅限于连续型变量，包括氮肥施用量、家庭耕地面积、玉米种植前家庭非农劳动力比例，人均财产和最近化肥店距离等。在因变量为离散型变量且符合泊松分布的情况下，我们认为泊松模型估计结果比普通最小二乘法估计更有效，故我们直接采用泊松模型估计方程（5.2）。另外，有相当比例的农户仅在大喇叭口期前或后施肥，FN_i 和 SN_i 有许多零值，因此我们采用 Tobit 模型估计方程（5.3）和（5.4）。

5.4.2 多元回归分析结果与讨论

多元回归分析结果与我们的预期基本一致（见表 5-10）。OLS 估计结果报告的 R^2 显示模型有较好的拟合优度（范围介于 0.1~0.2 之间）。本研究关心的是参加培训（TF）这个变量，计量估计结果表明，在方程

(5.1) 和方程 (5.3) 中，其估计的系数通过显著性检验，且系数的符号方向与预期影响方向一致；我们关注的多数控制变量的系数符号也跟前文描述性分析一致。另外，OLS 线性与对数模型的估计系数方向基本相同，显示模型良好的稳健性。

表5-10　　农户玉米生产氮肥施用影响因素模型的计量估计结果

	氮肥施用量[a]（千克/公顷）		氮肥施用次数	大喇叭口期前氮肥用量[a]	大喇叭口期后氮肥用量[a]
	线性模型（OLS）(1)	对数模型（OLS）(2)	(3)	(4)	(5)
是否培训村培训户（是=1；否=0）	-46.90*** (3.61)	-0.21*** (3.70)	-0.04 (0.22)	-43.57*** (3.90)	13.42 (1.17)
是否培训村非培训户（是=1；否=0）	-15.25* (1.72)	-0.07* (1.76)	0.04 (0.42)	-0.38 (0.06)	-7.25 (1.17)
惠民县（是=1；否=0）	62.81*** (7.43)	0.33*** (8.42)	0.55*** (5.36)	-33.71*** (5.44)	85.94*** (12.88)
交叉项：培训户*惠民县虚变量				46.66*** (2.80)	-32.70* (1.96)
家庭耕地面积（公顷）	-36.22*** (3.78)	-0.12*** (4.62)	0.01 (0.06)	0.94 (0.14)	-26.25*** (3.35)
户主年龄	0.31 (0.79)	0.00 (0.33)	0.00 (0.03)	-0.03 (0.10)	0.17 (0.61)
户主受教育程度（年）	-1.46 (1.13)	-0.01 (1.01)	0.01 (0.94)	-0.29 (0.32)	-0.12 (0.13)
户主是否为女性（是=1；否=0）	12.75 (1.07)	0.03 (0.60)	0.05 (0.36)	-0.38 (0.05)	7.21 (0.89)
2009年玉米种植前家庭非农劳动力比例（%）	-0.19 (1.33)	-0.00 (0.33)	-0.00 (0.30)	0.01 (0.09)	-0.17* (1.72)
2009年人均财产（千元）	-0.07 (0.32)	0.00 (0.15)	0.00 (0.12)	-0.17 (1.13)	0.15 (1.06)
最近化肥店距离（千米）	-4.32 (1.11)	-0.01 (1.19)	0.03 (0.75)	-1.56 (0.58)	-0.01 (0.00)
截距项	249.71*** (8.83)	5.16*** (40.28)			
观测值	812	812	812	812	812
R^2	0.116	0.126			

注：a表示N折纯量，b表示括号内均为t值绝对值，*和***分别表示在10%和1%的水平下显著，这里没有显著性水平为5%的情况。

资料来源：中国科学院农业政策研究中心调研。

回归结果显示，技术培训对农户玉米生产氮肥施用行为有如下影响：

（1）培训使得培训村培训户减少了21%的氮肥用量。如表5-10（列1~2）所示，培训村培训户的估计系数显著为负，说明在控制其他影响因素后，培训村培训户要比对照村农户每公顷减少46.9千克的氮投入，减幅达21%，技术培训有效地引导了农户在玉米种植过程中合理施肥。施肥频率估计结果显示，培训村培训户系数统计上不显著（表4，列3），表明培训并未增加农户的施肥次数。

（2）技术培训对农户在玉米大喇叭口期前氮肥投入的影响存在显著差异。培训村培训户的估计系数符号为负且显著（-43.57），说明在控制其他影响因素后，与寿光对照村农户相比，寿光培训村培训户在玉米大喇叭口期前每公顷少投入43.57千克（表5-10，列4）。而在惠民，培训村培训户比对照村农户每公顷多投入3.09千克（-43.57+46.66）。这是由两县农户施肥习惯的不同导致的。前面描述性分析显示，寿光农户习惯于在玉米大喇叭口期前投入较多氮肥，参加技术培训使得农户显著减少了玉米大喇叭口期前氮肥投入量。

（3）技术培训使得惠民农户显著减少玉米大喇叭口期后的氮肥施用。如表5-10（列5）所示，惠民县地区虚变量和技术培训的交叉项（*HM* * *TFarmT*）系数显著为负（-32.7），这表明，在控制其他影响因素后，技术培训使得惠民农户在大喇叭口期后的氮肥施用量比对照村农户少19.28千克/公顷（13.42-32.7）。这与前面的描述性分析一致，惠民农户习惯于将较多氮肥投入到玉米大喇叭口期之后，参加玉米氮肥施用技术培训带来的效用即是农户显著减少了在玉米大喇叭口期后的氮肥施用量。

（4）技术培训信息在培训村内有较为明显的技术扩散效果。如表5-10所示，培训村非培训户的系数显著为负（-15.25；-0.07），说明在保持其他条件不变的情况下，未直接参加氮肥施用技术培训的培训村非培训户比对照村农户每公顷共减少15.25千克的氮肥投入，即7%的氮肥总施用量，这暗示了在培训村技术培训的扩散效用。

同时，模型估计结果显示，种植面积越大，农户在玉米种植过程中的氮肥施用总量越少。如表5-10（列1~2）所示，家庭经营耕地面积系数显著为负，表明每增加1公顷耕地面积，氮肥施用量可减少12%。模型估计结果还表明，惠民县农户玉米生产氮肥施用量显著比寿光农户多，施肥频率也显著较高（表5－10，列1－3）。

需要特别指出的是，尽管培训户氮肥总施用量减少了，但其产量丝毫未受影响。如表5－11所示，与对照村农户相比，培训村参与过技术培训的农户产量并未减少。当然，这里我们无法解释培训农户较高的产量原因，但相关研究显示，将氮肥减少到合适的范围内产量会维持不变甚至有增加的空间（Cui, et al., 2008a; Ju et al., 2009; Peng, et al., 2006）。

表5－11　　2009年培训农户和非培训农户玉米产量对比　　单位：千克/公顷

	培训户	非培训户	
		培训村	对照村
平均产量	7 845	6 993 **	7 065 **
按县统计			
惠民	6 730	6 468	6 500
寿光	8 511	7 985 **	7 829 **

注：** 表示与培训户均值相比在1%的显著水平下有显著差异，此处无5%的显著水平下的显著情况。

资料来源：中国科学院农业政策研究中心调研。

5.5　本章小结

本研究通过向山东玉米种植户提供氮肥施用技术培训，并向当地农技推广人员提供一定经济激励，分析技术培训和激励机制对缓解农户过量施肥问题的效果。我们主要得到以下几点结论：

（1）在当前公共农技推广体制下，单一经济激励对加强农技人员开展玉米氮肥施用技术推广服务的影响有限。推广激励机制并未显著增强农技人员下乡开展技术培训的力度，平均培训比例偏低，远未达到项目要求的30%的覆盖率。同时，推广激励机制未显著影响农户氮肥施用行为。激励干预培训农户平均每公顷玉米氮肥施用总量为210千克，比非激励干预培训农户平均投入量（182千克/公顷）还多。在缺乏一定行政监督的情况下，名义上的推广激励机制几乎没有任何效果。

（2）样本地区农户玉米氮肥施用过量现象比较普遍，通过农技推广人员开展氮肥施用技术培训可有效减少农户玉米生产氮肥总投入。研究结果表明，培训村非培训户与对照村农户平均氮肥施用量比专家建议施肥量（150～180 千克/公顷）高 40% 以上。培训村培训户要比对照村农户每公顷减少 46.9 千克的氮投入，减幅达 21%，技术培训确实对引导农户合理施肥产生影响。尽管如此，培训村培训户施肥总量（201 千克/公顷）仍比专家建议施肥量（150～180 千克/公顷）高 20%。

（3）在不同地区，技术培训对农户在玉米大喇叭口期之前和玉米大喇叭口期之后的氮肥投入的影响存在显著差异。在参加技术培训后，寿光农户显著减少了玉米大喇叭口期前的氮肥投入量，而惠民农户显著减少了玉米大喇叭口期后的氮肥施用。短短一次培训远不足以促使农民在玉米生产过程中遵循分期调控的原则，平衡大喇叭口期前后氮肥投入。同时，给农民提供氮肥施用技术方案时，需考虑当地生产环境以及农户耕种习惯。

（4）尽管培训户氮肥总施用量减少了，但其产量并未因此而减少。与对照村农户相比，培训村参与过技术培训的农户产量并未减少。

（5）耕地面积与农户单位面积氮肥施用量呈显著负相关关系。通过农地流转市场扩大农地经营规模，在一定程度上可以减少农民在耕种过程中的氮肥总投入。

第6章

技术培训与推广激励机制对农户小麦氮肥施用的影响

本章将探讨农业技术培训与激励分配对农户小麦生产氮肥施用行为的影响。上一章证明了氮肥施用技术培训对引导玉米种植户合理施肥有显著影响，而在缺乏监督的体系下，单一激励机制对加强农技人员开展玉米氮肥施用技术推广服务的影响有限。既然如此，技术培训是否也能显著减少农户在小麦生产中的氮肥施用量？如果在政策执行中加强对推广人员实际技术培训监督的激励机制，培训效果是否会有所不同？本章将试图回答以上问题。

与玉米实验类似，中国农业大学技术专家针对小麦生产同样提出了“总量控制，分期调控”的施肥原则。根据当地土壤特点及农民施肥习惯，经过与地方农技员合作，他们制定了针对培训村的小麦氮肥施用技术方案，具体为：（1）建议在小麦全生育期内适当增加施肥次数，并将每公顷氮肥施用总量控制在180～210千克（折纯量，下同）范围内；（2）建议将目前的追肥时期由返青期推迟到拔节期，并将小麦生长前期（拔节期前）氮肥施用比例减少到1/3，后期氮肥施用比例增加到2/3。因此，在考察农户在小麦种植过程中的施肥行为时，我们仍然用氮肥施用总量和施用次数来衡量农户小麦生产氮肥施用总量控制情况，用小麦拔节期前氮肥施用量和拔节期以后（含拔节期，下同）氮肥用量衡量农户氮肥施用技术具体采用情况。

本章其余部分内容安排如下：首先，描述样本地区农户小麦生产中氮肥施用情况，比较培训户与非培训户小麦生产氮肥施用总量和施用次数，分析加强技术培训监督的激励机制对提高农户氮肥施用效益的作用。其次，对比培训户与非培训农户分期氮肥施用量。再次，进行小麦种植户的氮肥施用行为和农户特征的相关分析。然后，建立计量经济模型，通过多元回归分析方法，系统分析氮肥施用技术培训和激励机制对农户施肥行为的影响。最后是本章的结论。

6.1 技术培训、推广激励机制与农户小麦生产氮肥总投入

在评估小麦氮肥施用技术培训项目的影响时，我们将农户分为激励干预培训户、非激励干预培训户、培训村非培训户和对照村农户四类。从第4章的描述我们得知小麦农户样本不平衡，第二年农户数据存在遗失，但描述性统计结果表明遗失农户与平衡样本农户基本无差异（见表4－7），因此本章研究仅涉及1 227个平衡样本农户（见图4－2）。

表6－1和表6－2总结了培训户与非培训户在2008/2009年和2009/2010年小麦种植过程中的施肥情况。

表6－1　培训户与非培训户在2008/2009年和2009/2010年小麦生产中肥料施用情况对比

	培训户		非培训户	
	激励 (1)	非激励 (2)	培训村 (3)	对照村 (4)
化肥				
施用次数				
2008/2009	2.01	2.09	2.06	2.05
2009/2010	1.97	2.17	2.08	2.14
Δ	－0.04	0.08	0.02	0.08
氮肥施用次数				
2008/2009	2.00	2.09	2.05	2.05
2009/2010	1.96	2.14	2.07	2.11
Δ	－0.04	0.06	0.02	0.06

续表

	培训户		非培训户	
	激励 (1)	非激励 (2)	培训村 (3)	对照村 (4)
N 施用量（千克/公顷）[a]				
2008/2009	306	351	341	357
2009/2010	298	360	353	380
Δ	-8	9	12	23
P 施用量（千克/公顷）[a]				
2008/2009	178	192	189	192
2009/2010	203	185	199	219
Δ	26	-6	10	27
K 施用量（千克/公顷）[a]				
2008/2009	45	53	47	48
2009/2010	41	50	42	50
Δ	-4	-2	-5	2
有机肥				
施用次数				
2008/2009	0.09	0.14	0.09	0.11
2009/2010	0.17	0.22	0.22	0.17
Δ	0.08	0.08	0.12	0.06
N 施用量（千克/公顷）[a]				
2008/2009	17	24	11	12
2009/2010	32	35	46	26
Δ	15	11	35	14

注：** 表示与培训户均值相比在 1% 的显著水平下有显著差异，此处无 5% 的显著水平下的显著情况。

资料来源：中国科学院农业政策研究中心调研。

表 6-2　培训户与非培训户在 2008/2009 年和 2009/2010 年小麦生产中氮肥施用来源

单位：%

	培训户		非培训户	
	激励 (1)	非激励 (2)	培训村 (3)	对照村 (4)
2008/2009 合计	100	100	100	100
尿素	64	66	66	67
磷酸二铵	14	14	14	14

续表

	培训户		非培训户	
	激励 (1)	非激励 (2)	培训村 (3)	对照村 (4)
其他复合肥	20	19	19	17
其他单质肥	1	2	1	2
2009/2010 合计	100	100	100	100
尿素	61	66	65	65
磷酸二铵	21	14	17	16
其他复合肥	16	19	16	17
其他单质肥	2	1	2	1

注：** 表示与培训户均值相比在 1% 的显著水平下有显著差异，此处无 5% 的显著水平下的显著情况。

资料来源：中国科学院农业政策研究中心调研。

由表 6－1、表 6－2，可以得出如下主要结论。

（1）培训并未改变农户的施肥次数，大多数农户在种植小麦期间施用两次化肥。即使接受过氮肥施用技术培训，非激励干预培训户在 2009/2010 茬小麦生产中施肥次数仅比上一年增加 0.08 次（表 6－1，列 1），表明培训并未改变农户两次施肥的习惯。这可能是因为施肥次数的增加必然带来劳动力用工的增加，在当前劳动力成本大幅上升的情况下，农民不愿将大量时间成本投入到比较效益低的种植业中。

（2）氮肥和磷肥是农户在小麦种植过程中的主要用肥，大多数农户在第二年增加了这两种肥的投入。氮肥施用次数几乎与化肥施用次数相等，而且在农户化肥总投入中氮肥比例占一半以上，钾肥投入最少（表 6－1，行 1－15）。同时，相比 2008/2009 年度，培训村非激励干预培训户、培训村非培训户和对照村农户在 2009/2010 年小麦生产中的平均氮肥和磷肥施用量均增加。对此，有两种可能解释：第一，2010 年化肥价格较前两年低（国家发展和改革委员会价格司，2011），影响农民的化肥投入；第二，2009/2010 年小麦生长遭遇了较长的持续低温天气，农民可能担心产量减少而增加化肥投入①。

① 我们的调查数据显示，与 2008/2009 年小麦生产相比，农户在 2009/2010 年小麦种植过程中投入的尿素和磷酸二铵的平均价格分别减少 8% 和 24%；2009 年 26% 的农户反映小麦生长期间遭受到自然灾害，而 2010 年该比例达到 41%。

（3）氮肥施用技术培训对农户氮肥施用量有影响。如表6－1所示，尽管农户在2009/2010年小麦生产中氮肥投入普遍增加，但培训村培训户增量（9千克/公顷）比培训村非培训户增量（12千克/公顷）与对照村农户（23千克/公顷）增量都少。这表明，培训对农户减少氮肥施用量有促进作用。

（4）推广激励机制能减少农户氮肥总投入。如表6－1（行1～3）所示，相比2008/2009茬小麦氮肥施用总量，四类农户中仅激励干预培训户减少了氮肥投入，这与玉米生产研究结果有很大不同。上一章研究结果表明，单一经济激励手段对加强农技人员玉米氮肥施用技术推广服务的影响有限。这种差异可能是因为，在玉米实验中农技员对农户进行技术培训是在没有任何监督的情况下进行的，而我们执行小麦实验项目时，借助当地政府部门加强了对技术推广人员实际技术培训监督的激励机制（见第3章实验流程）。

（5）农户在小麦生产中有机肥投入较少，培训未影响农户有机肥施用。如表6－1所示，农户无论是有机肥施用次数还是施用量都比化肥要少得多，同时在有机肥施用次数和施用量方面，培训户与非培训户并未有显著差异。因此，下文所述氮肥均指化肥投入中的氮肥。

（6）培训户与非培训户在氮肥施用来源上无显著差异，尿素是农户氮肥施用的主要来源。在2008/2009和2009/2010年小麦生产中，四类农户氮肥施用量中均有65%左右源自尿素（表6－2，行1，6）。同时，2009/2010年激励干预培训户与两类非培训农户均有增加磷酸二铵投入的趋势（表6－2，行2，7），这可能与该年磷酸二铵价格降幅较大有关。

（7）样本地区农户氮肥施用过量现象比较普遍，尽管技术培训和激励机制对控制农户氮肥施用总量有效，但农户氮肥总投入仍然较高。对照村农户在2008/2009年和2009/2010年氮肥施用总量分别为357千克/公顷和380千克/公顷，比专家推荐施肥量（180～210千克）多70%以上。激励干预培训户在种植2009/2010茬小麦过程中，虽然减少了氮肥投入（相比2008/2009茬小麦），但每公顷氮肥投入总量（298千克）仍比专家建议施肥量（180～210千克）高40%以上。

从表6－3可看出两个样本县农户在氮肥施用总量和施用次数上有明显

差异。首先，惠民农户氮肥总投入比寿光农户多，施肥频率也较寿光农户高。其次，在惠民推广激励机制对减少农户氮肥施用量作用更明显，而在寿光技术培训更有效。相对2008/2009茬小麦生产，惠民激励干预培训户在2009/2010茬小麦氮肥总投入上的平均增量比非激励干预培训户少28千克/公顷（表6－3，行1－3）。寿光培训村非激励干预培训户在2009/2010茬小麦上平均每公顷氮肥施用总量比基期增加9千克左右，而培训村非培训户每公顷增加21千克（表6－3，行7－9）。

表6－3　2008/2009年和2009/2010年小麦生产中氮肥施用总量和施用次数县域比较

	培训户		非培训户	
	激励 (1)	非激励 (2)	培训村 (3)	对照村 (4)
惠民				
施用量（千克/公顷）[a]				
2008/2009	326	374	361	396
2009/2010	309	382	365	407
Δ	－19	9	4	10
施用次数				
2008/2009	2.20	2.22	2.19	2.17
2009/2010	2.10	2.33	2.24	2.24
Δ	－0.10	0.11	0.05	0.07
寿光				
施用量（千克/公顷）[a]				
2008/2009	289	330	319	318
2009/2010	290	339	340	353
Δ	1	9	21	35
施用次数				
2008/2009	1.84	1.97	1.90	1.92
2009/2010	1.84	1.98	1.89	1.98
Δ	0.00	0.01	－0.01	0.06

注：a表示N折纯量。

资料来源：中国科学院农业政策研究中心调研。

6.2 技术培训、推广激励机制与农户小麦生产分期氮肥施用量

虽然氮肥施用技术培训项目对控制小麦种植户氮肥施用总量有影响，但考察培训对农户分期氮肥投入的影响更具现实与指导意义。科学施肥不仅要控制氮肥施用总量，更重要的是根据小麦生长所需养分平衡各时期氮肥投入。在惠民和寿光，农民长期以来形成的习惯是小麦播种前施底肥一次，再在小麦返青季节追肥一次。这与农大专家建议的施肥方式相差甚远。专家建议减少返青期以前（含返青期）氮肥投入，同时增加拔节期以后的肥料用量，后期用量应为前期的两倍。

表6－4对比了样本地区培训户与非培训户小麦生产氮肥分期投入情况。

表6－4 2008/2009年和2009/2010年培训户与非培训户小麦生产中分期氮肥施用量对比 单位：千克/公顷

	培训户		非培训户	
	激励 (1)	非激励 (2)	培训村 (3)	对照村 (4)
拔节期前	287	320	322	344
2008/2009	290	316	318	332
2009/2010	284	324	326	356
Δ	－6	8	8	24
拔节期以后	15	35	25	24
2008/2009	16	35	23	25
2009/2010	15	35	27	24
Δ	－1	1	4	－1
惠民				
拔节期前	292	318	321	363
2008/2009	293	304	319	351
2009/2010	288	332	322	376
Δ	－5	28	4	25

续表

	培训户		非培训户	
	激励（1）	非激励（2）	培训村（3）	对照村（4）
拔节期以后	26	60	43	38
2008/2009	32	70	43	45
2009/2010	20	50	43	31
Δ	-12	-20	0	-14
寿光				
拔节期前	283	322	324	325
2008/2009	287	327	317	313
2009/2010	279	317	330	337
Δ	-7	-10	13	24
拔节期以后	6	13	6	10
2008/2009	2	3	3	5
2009/2010	10	22	10	16
Δ	8	19	8	11

注：表格中数值为每公顷 N 折纯量。

资料来源：中国科学院农业政策研究中心调研。

从两地区平均情况来看，激励机制对控制拔节期前氮肥施用量有一定促进作用，但对小麦拔节期以后农户氮肥投入无显著影响。如表 6-4 所示，在 2009/2010 年小麦拔节期前激励干预培训户每公顷比前一年平均少投入氮肥 7 千克，而非激励干预培训户每公顷多投入 8 千克（行 2~4）。两类培训户在 2008/2009 年和 2009/2010 年小麦生产中分配予拔节期以后的氮肥施用量基本未变，推广激励机制未对引导农户拔节期以后氮肥投入产生效果。这可能有两种解释：第一，农户长期以来已形成返青季节追肥的习惯，一次短期培训很难立即影响农民习惯；第二，推迟小麦追肥时间势必影响农户外出务工，小麦返青季节离春节较近，农户在该时期施肥既不影响非农就业，又不耽误小麦生产。

分地区来看，技术培训对寿光农户分期调控氮肥施用量产生积极影响，但对惠民农户未起作用。寿光培训村非激励干预培训户减少了小麦拔节期前氮肥投入，而培训村非培训户和对照村农户均增加了小麦拔节期前氮肥施用量（表6-4，行17~20），表明技术培训对寿光小麦种植户减少拔节期前氮肥投入有作用。

尽管寿光农户增加了小麦拔节期以后的氮肥施用量，但仍比惠民农户少许多，更未达到专家建议的后期氮肥投入量占小麦全生育期氮肥施用总量的2/3的目标。如表6-4所示，惠民农户虽然减少了后期氮肥施用量，但2009/2010年小麦拔节期以后氮肥施用量仍是寿光农户同期投入的两倍以上（行15，23）。根据农大土肥专家提供的施肥建议，小麦全生育期氮肥总量应控制在180~210千克/公顷，其中拔节期前氮肥投入占总投入的1/3（即60~70千克/公顷），拔节期以后氮肥施用量占总投入量的2/3（即120~140千克/公顷）。显然，无论惠民还是寿光小麦种植户，都与该目标相差甚远。

为进一步解释氮肥施用技术培训对两个地区农户在分期调控氮肥施用上的差异，我们统计了两县农户氮肥施用频率分布（见表6-5）及不同施肥次数下分期氮肥施用量（见表6-6）。

表6-5　培训户与非培训户在2008/2009年和2009/2010年小麦生产中氮肥施用频率对比

单位：%

	2008/2009年小麦生产				2009/2010年小麦生产			
	培训户		非培训户		培训户		非培训户	
	激励(1)	非激励(2)	培训村(3)	对照村(4)	激励(5)	非激励(6)	培训村(7)	对照村(8)
惠民								
施用一次	1.0	1.7	5.2	1.3	1.9	0.9	0.9	0.7
拔节期前施	1.0	0.9	5.2	0.7	1.9	0.9	0.9	0.7
拔节期以后施	0.0	0.9	0.0	0.7	0.0	0.0	0.0	0.0
施用两次	78.1	74.8	70.6	80.0	85.7	66.1	74.0	74.7
拔节期前后各施一次	6.7	11.3	6.9	12.7	4.8	7.8	6.1	2.0
仅在拔节期前施	71.4	62.6	63.6	67.3	81.0	58.3	68.0	72.7
仅在拔节期以后施	0.0	0.9	0.0	0.0	0.0	0.0	0.0	0.0
施用三次及以上	21.0	23.5	24.2	18.7	12.4	33.0	25.1	24.7
拔节期前后均施	21.0	23.5	23.8	18.0	12.4	33.0	24.2	24.7
仅在拔节期前施	0.0	0.0	0.4	0.7	0.0	0.0	0.9	0.0

续表

	2008/2009 年小麦生产				2009/2010 年小麦生产			
	培训户		非培训户		培训户		非培训户	
	激励（1）	非激励（2）	培训村（3）	对照村（4）	激励（5）	非激励（6）	培训村（7）	对照村（8）
寿光								
施用一次	19.7	5.5	12.2	10.0	17.3	5.5	13.1	5.3
拔节期前施	18.9	5.5	12.2	10.0	17.3	4.7	13.1	5.3
拔节期以后施	0.8	0.0	0.0	0.0	0.0	0.8	0.0	0.0
施用两次	76.4	92.1	85.6	88.0	81.1	91.3	84.7	91.3
拔节期前后各施一次	0.8	0.8	0.5	2.7	6.3	10.2	5.0	10.0
仅在拔节期前施	75.6	91.3	85.1	85.3	74.8	81.1	79.7	81.3
仅在拔节期以后施	0.0	0.0	0.0	0.0	0.0	0.0	0.0	0.0
施用三次及以上	3.9	2.4	2.3	2.0	1.6	3.1	2.3	3.3
拔节期前后均施	0.8	0.8	0.9	0.0	0.0	0.0	0.0	0.7
仅在拔节期前施	3.1	1.6	1.4	2.0	1.6	3.1	2.3	2.7

注：惠民（行1～10）（1）和（5）列百分比值以惠民县培训村激励干预培训户总样本105为基数，（2）和（6）列百分比值以惠民县培训村非激励干预培训户总样本115为基数，（3）和（7）列百分比值以惠民县培训村非培训户总样本231为基数，（4）和（8）列百分比值以惠民县对照村农户总样本150为基数；寿光（行11～20）（1）和（5）列百分比值以寿光市培训村激励干预培训户总样本127为基数，（2）和（6）列百分比值以寿光市培训村非激励干预培训户总样本127为基数，（3）和（7）列百分比值以寿光市培训村非培训户222为基数，（4）和（8）列百分比值以寿光市对照村农户总样本150为基数。

资料来源：中国科学院农业政策研究中心调研。

表6－6　　培训户与非培训户按小麦施肥次数分期氮肥施用量统计

单位：千克/公顷

项目	2008/2009 年小麦生产				2009/2010 年小麦生产			
	培训户		非培训户		培训户		非培训户	
	激励（1）	非激励（2）	培训村（3）	对照村（4）	激励（5）	非激励（6）	培训村（7）	对照村（8）
惠民								
施用一次	276	173	227	242	161	68	189	101
拔节期前	276	104	227	173	161	68	189	101
拔节期以后	0	69	0	69	0	0	0	0
施用两次	315	342	345	390	297	364	337	396

续表

项目	2008/2009 年小麦生产				2009/2010 年小麦生产			
	培训户		非培训户		培训户		非培训户	
	激励 (1)	非激励 (2)	培训村 (3)	对照村 (4)	激励 (5)	非激励 (6)	培训村 (7)	对照村 (8)
拔节期前	299	297	326	357	288	342	320	389
拔节期以后	16	45	19	33	9	22	17	7
施用三次及以上	372	490	439	433	411	427	455	446
拔节期前	278	342	318	335	312	320	335	343
拔节期以后	94	148	121	98	99	107	119	104
寿光								
施用一次	189	193	168	226	221	189	204	233
拔节期前	180	193	168	226	221	159	204	233
拔节期以后	9	0	0	0	0	31	0	0
施用两次	310	338	338	326	303	345	358	361
拔节期前	310	337	337	321	290	322	346	344
拔节期以后	0	2	1	5	13	22	12	17
施用三次	381	335	444	407	376	439	489	341
拔节期前	376	277	354	407	376	439	489	324
拔节期以后	5	58	90	0	0	0	0	17

注：表格中数值为每公顷 N 折纯量。

资料来源：中国科学院农业政策研究中心调研。

统计结果反映如下几点信息。

（1）两地区农户小麦生产以两次施肥为主，惠民农户平均施肥频率比寿光高。虽然惠民氮肥施用两次的农户比例（75%左右）较寿光（85%左右）少，但惠民有 20% 的农户施用三次以上氮肥，寿光只有不到 5%（表 6－5），这印证了上一节惠民农户平均施肥次数比寿光多的结论。

（2）农户施肥次数越多，氮肥施用总量越大。例如，惠民施肥一次的培训村激励干预培训户和非激励干预培训户在基期小麦生产中每公顷氮肥投入分别为 276 千克和 173 千克（表 6－6，行 1），比氮肥施用两次和三次的培训户都低（表 6－6，行 4，7），2009/2010 年小麦生产氮肥投入同样保持这一趋势。寿光农户施肥习惯存在同样规律。

（3）技术培训未改变大多数惠民农户仅在拔节期前施肥的习惯。在氮肥施用次数为两次的惠民农户中，仅在拔节期前施肥的农户占比极大，且该比例并未随着技术培训和激励机制的引入而减少（表6－5，行5），同时拔节期前氮肥用量增加，拔节期以后氮肥投入有减少趋势（表6－6，行5－6）。施用三次以上氮肥的惠民农户绝大多数拔节期前后均施肥（表6－5，行9）。

（4）技术培训对两次施肥的寿光农户分期调控氮肥投入有影响。表6－6显示（行14～15），氮肥施用次数为两次的寿光激励干预培训户和非激励干预培训户在小麦拔节期前每公顷氮肥投入分别减少了20千克（290－310）和15千克（322－337），在小麦拔节期以后平均每公顷分别增加13千克（13－0）和20千克（22－2）的氮肥施用量；而施肥两次的寿光培训村非培训户和对照村农户拔节期前氮肥投入均未减少。

6.3 小麦氮肥施用与农户特征

除了实验设计的氮肥施用技术培训干预和对农技员实行的激励干预外，农户施肥行为本身还与其他因素相关。本节将分别就农户在小麦全生育期中氮肥总投入量和施用总次数以及分期氮肥施用量分析其与农户特征相关关系。

表6－7总结了农户小麦生产氮肥施用总量、施用次数与2009年农户特征的相关关系。统计结果表明，户主受教育程度、农户富裕程度、家庭经营耕地面积等均与氮肥施用总量或施用次数相关。

表6－7　2008/2009年和2009/2010年农户小麦生产中氮肥的施用总量、施用次数与2009年农户特征

项目	农户样本量	化肥中氮肥施用量[a]（千克/公顷）		氮肥施用次数	
		2008/2009	2009/2010	2008/2009	2009/2010
	（1）	（2）	（3）	（4）	（5）
按家庭耕地面积：					
<0.33公顷	380	333	343	1.96	1.99
0.33～0.56公顷	450	342	358	2.07	2.11

续表

项目	农户样本量	化肥中氮肥施用量[a]（千克/公顷）		氮肥施用次数	
		2008/2009	2009/2010	2008/2009	2009/2010
	(1)	(2)	(3)	(4)	(5)
>0.56 公顷	389	345	349	2.11	2.12
按最近化肥店距离：					
<0.3 公里	307	347	349	2.10	2.12
0.3~1.3 公里	487	333	347	2.03	2.06
>1.3 公里	425	344	356	2.02	2.06
按人均财产：					
<1 万元	376	342	357	2.04	2.10
1 万~2 万元	393	332	346	2.06	2.08
>2 万元	450	346	349	2.04	2.05
按户主性别：					
女户主	92	341	345	2.09	2.07
男户主	1127	340	351	2.04	2.07
按户主年龄：					
<45 岁	387	336	354	2.06	2.12
45~55 岁	406	341	346	2.05	2.07
>55 岁	426	344	352	2.03	2.04
按户主受教育程度：					
<6 年	400	362	364	2.12	2.09
6~8 年	390	326	347	1.99	2.03
>8 年	429	333	342	2.03	2.10

注：a 表示 N 折纯量。

资料来源：中国科学院农业政策研究中心调研。

（1）户主受教育程度与氮肥施用总量呈负相关，同氮肥施用次数呈正相关关系。表 6－7（行 6－8）显示，户主受教育年数越多，农户在 2008/2009 年和 2009/2010 年小麦生产氮肥总投入越少。同时，当户主受教育程度增加时，农户在 2009/2010 年小麦种植过程中氮肥施用总次数增加（表 6－7，列 4－5）。对此，可能的解释是户主受教育程度越高，越容易接受和掌握农业专业知识，更懂得科学施肥。

（2）农户家庭人均财产与农户在两年小麦生产中氮肥总投入的增量呈

负相关。如表6-7（行13~15）所示，当农户家庭人均财产小于1万元时，农户在2009/2010年小麦种植过程中平均每公顷比基期多投入15千克纯氮；而当家庭人均财产增加到2万元以上时，农户平均每公顷多投入氮肥3千克。对此，可能的解释是，农户富裕程度越高，愿意投入到农业生产中的成本（包括时间成本和金钱成本）越少。

（3）家庭经营耕地面积与农户小麦生产氮肥施用次数呈正相关关系。当家庭经营耕地面积从不足0.33公顷增加到0.56公顷以上时，农户在小麦全生育期氮肥投入总次数从不足2次增加到2次以上。这一点比较符合常理，家庭经营耕地面积越大，农业生产收入占家庭总收入比例越高，农民更倾向于“精耕细作”的农业生产方式，愿意投入的时间成本也越多。

同时，农户在2008/2009年和2009/2010年小麦生产中拔节期前及拔节期以后氮肥施用量与农户特征有相关关系。例如，户主受教育程度与小麦拔节期前氮肥投入量呈负相关关系。如表6-8（行6~8）所示，当户主受教育程度小于6年时，农户在2008/2009年和2009/2010年小麦种植过程中拔节期前每公顷平均氮肥投入分别为330千克和338千克；当户主教育年数增至8年以上时，两年拔节期前氮肥投入分别为309千克和316千克。

表6-8　农户在2008/2009年和2009/2010年小麦生产中分期氮肥施用量与2009年农户特征

项目	农户样本量	拔节期前氮肥施用量[a]（千克/公顷）		拔节期以后氮肥施用量（千克/公顷）	
	（1）	2008/2009（2）	2009/2010（3）	2008/2009（4）	2009/2010（5）
按家庭耕地面积：					
<0.33公顷	380	311	316	22	28
0.33~0.56公顷	450	317	335	26	24
>0.56公顷	389	319	323	25	25
按最近化肥店距离：					
<0.3千米	307	324	323	23	27
0.3~1.3千米	487	309	324	24	23
>1.3千米	425	317	328	26	27

续表

项目	农户样本量	拔节期前氮肥施用量[a]（千克/公顷）		拔节期以后氮肥施用量（千克/公顷）	
	（1）	2008/2009（2）	2009/2010（3）	2008/2009（4）	2009/2010（5）
按人均财产：					
<1万元	376	315	327	27	30
1万~2万元	393	304	321	28	25
>2万元	450	327	327	19	22
按户主性别：					
女户主	92	316	318	24	28
男户主	1 127	316	326	24	25
按户主年龄：					
<45岁	387	311	328	25	26
45~55岁	406	318	321	23	25
>55岁	426	318	327	25	25
按户主受教育程度：					
<6年	400	330	338	32	25
6~8年	390	309	321	17	25
>8年	429	309	316	24	25

注：表格中数值表示N折纯量。

资料来源：中国科学院农业政策研究中心调研。

6.4　技术培训与推广激励机制对农户小麦氮肥施用影响的多元回归分析

以上单因素分析表明不同类型农户在小麦生产中施肥行为的差异，为了系统地验证这种关系，我们需要建立计量经济模型，利用多元回归方法进行分析。本节将汇报计量经济分析结果。

6.4.1 研究方法与计量模型设定

项目评估和政策分析中广泛使用的一种计量分析方法是倍差分析法（*Difference-in-Difference*, *DID*）。这一方法的优势是可以采用两期面板数据固定不随时间变化的因素，差分掉处理组和对照组农户的共同趋势，消除随时间不变的选择偏误造成的偏差和遗漏变量造成的偏差，从而获得变量之间较为准确的因果关系。常用的倍差法估计有水平差分和一阶差分两种计量模型形式，本研究将采用差分形式估计农业技术培训与激励措施对农户氮肥施用行为的影响。我们建立了如下计量经济模型：

$$\Delta y_{ij} = a + b \cdot TF_i + c \cdot TF_i * Inc_i + d * NTF_i + \varphi \cdot X + \varepsilon_i \qquad (6.1)$$

其中，被解释变量 Δy_{ij} 表示第 i 个农户在 2009/2010 年小麦生产与 2008/2009 年小麦生产中氮肥施用的差异，具体分别为农户这两年小麦生产每公顷氮肥施用总量的差额（$j=1$），氮肥施用总次数的差额（$j=2$），小麦拔节期前每公顷氮肥投入量的差值（$j=3$）和小麦拔节期及以后每公顷氮肥施用量差值（$j=4$）。*TF* 表示培训村培训户，为虚拟变量，当农户属于培训村培训户时为 1，否则为 0。*TF* 是模型的关键解释变量，用于衡量在控制其他影响因素下，氮肥技术培训对农户肥料施用行为的影响。*NTF* 表示培训村非培训户，它可用来反映技术培训信息是否在培训村内得到有效扩散。与 *TF* 类似，*NTF* 也是虚拟变量，当农户属于培训村非培训户时为 1，否则为 0。同时，为了检验激励机制的引入对培训效果的影响，我们使用技术培训和激励机制的交叉项（*TF* * *Inc*）。*TF*，*NTF* 和 *TF* * *Inc* 的对照村组为对照村农户。

X 表示一系列体现农户 2009 年基本特征的控制变量，包括地区，户主性别、年龄和受教育程度，家庭富裕程度（用人均耐用消费品财产金额来衡量），家庭耕地面积以及最近化肥店离家距离（公里）。ε_i 表示残差项。b，c，d 和 φ 代表待估计系数。模型中各变量的描述性统计特征见表 6－9。同时，为分析惠民农户和寿光农户氮肥施用行为影响因素的差异，我们还分别使用县级子样本估计方程（6.1），这时 X 中便不包括县虚拟变量。我们采用普通最小二乘法（OLS）估计方程（6.1）。

表6-9　农户小麦生产氮肥施用影响因素模型中所使用变量的描述性统计特征

变　　量	平均值	标准误
农户2009/2010年小麦生产氮肥施用总量增量（千克/公顷）[a]	10	115
农户2009/2010年小麦生产氮肥施用次数增量	0.03	0.50
农户在2009/2010年小麦拔节期前氮肥施用总量增量（千克/公顷）[a]	10	125
农户在2009/2010年小麦拔节期及以后氮肥施用总量增量（千克/公顷）[a]	1	80
是否培训村培训户（是=1；否=0）	0.39	0.49
是否激励村农户（是=1；否=0）	0.19	0.39
是否非激励村农户（是=1；否=0）	0.37	0.48
县虚拟变量（惠民=1；寿光=0）	0.49	0.50
2009年家庭经营耕地面积（公顷）	0.51	0.36
2009年最近化肥店距离（公里）	1.13	1.52
2009年家庭人均财产（千元）	19	17
户主是否为女性（是=1；否=0）	0.07	0.26
2009年户主年龄	50.67	10.49
2009年户主受教育程度（年）	6.80	3.14

注：a表示N折纯量。
资料来源：中国科学院农业政策研究中心调研。

6.4.2　多元回归分析结果与讨论

模型估计结果见表6-10~表6-13，模型总体上拟合度较好。本研究关心的是*TF*和*TF*∗*Inc*两个变量，计量估计结果表明，其许多估计系数通过显著性检验，且系数的符号方向与预期影响方向一致；我们关注的多数控制变量的系数符号也与前文描述性分析一致。

表6-10　农户小麦生产氮肥施用总量影响因素模型的计量估计结果

变　　量	总样本[a]	惠民子样本[a]	寿光子样本[a]
	(1)	(2)	(3)
是否培训村培训户（是=1；否=0）	-13.37 (1.36) b	-3.16 (0.22)	-23.04* (1.69)

续表

变　量	总样本[a]	惠民子样本[a]	寿光子样本[a]
	(1)	(2)	(3)
是否激励干预培训户（是 =1；否 =0）	-19.09* (1.81)	-22.83 (1.45)	-14.85 (1.03)
是否培训村非培训户（是 =1；否 =0）	-10.36 (1.22)	-5.57 (0.46)	-13.73 (1.14)
县虚拟变量（惠民 =1；寿光 =0）	-16.99** (2.49)		
2009 年家庭经营耕地面积（公顷）	-8.64 (0.93)	-10.26 (0.66)	-4.82 (0.41)
2009 年最近化肥店距离（千米）	1.18 (0.54)	1.74 (0.50)	0.81 (0.29)
2009 年家庭人均财产（千元）	-0.58*** (2.90)	-0.24 (0.84)	-0.95*** (3.30)
户主是否为女性（是 =1；否 =0）	1.33 (0.11)	-14.24 (0.88)	30.34 (1.46)
2009 年户主年龄	-0.45 (1.37)	-0.57 (1.22)	-0.38 (0.79)
2009 年户主受教育程度（年）	1.47 (1.32)	1.43 (0.98)	1.39 (0.79)
截距项	58.24** (2.45)	38.78 (1.23)	64.33* (1.81)
观测值	1226	600	626
R^2	0.023	0.015	0.033
F 检验 P 值： H_0：$b+c=0$（即虚拟变量培训村培训户与激励干预培训户的估计系数之和等于 0）	0.0012	0.0779	0.0062

注：括号中为 t 统计量绝对值。a 表示 N 折纯量，*、** 和 *** 分别表示在 10%、5% 和 1% 的水平下显著。

资料来源：中国科学院农业政策研究中心调研。

表 6－11　　农户小麦生产氮肥施用总次数影响因素模型的计量估计结果

变　量	总样本	惠民子样本	寿光子样本
	(1)	(2)	(3)
是否培训村培训户（是 =1；否 =0）	－0.00 (0.04)	0.04 (0.61)	－0.05 (0.93)
是否激励干预培训户（是 =1；否 =0）	－0.11 ** (2.34)	－0.21 *** (2.64)	－0.02 (0.29)
是否培训村非培训户（是 =1；否 =0）	－0.04 (1.10)	－0.02 (0.26)	－0.07 (1.55)
县虚拟变量（惠民 =1；寿光 =0）	0.03 (1.05)		
2009 年家庭经营耕地面积（千米）	－0.00 (0.12)	0.04 (0.52)	－0.02 (0.58)
2009 年最近化肥店距离（公里）	0.00 (0.18)	0.00 (0.16)	0.00 (0.01)
2009 年家庭人均财产（千元）	－0.00 (1.27)	－0.00 (0.54)	－0.00 (1.06)
户主是否为女性（是 =1；否 =0）	－0.04 (0.67)	－0.06 (0.72)	0.02 (0.28)
2009 年户主年龄	－0.00 (0.64)	－0.00 (1.12)	0.00 (0.26)
2009 年户主受教育程度（年）	0.01 ** (2.36)	0.02 *** (2.65)	－0.00 (0.16)
截距项	0.04 (0.38)	0.07 (0.43)	0.08 (0.59)
观测值	1226	600	626
R^2	0.014	0.033	0.008
F 检验 P 值： H_0：$b+c=0$（即虚拟变量培训村培训户与激励干预培训户的估计系数之和等于 0）	0.014	0.033	0.008

注：括号内均为 t 值绝对值，＊、＊＊和＊＊＊分别表示在 10%、5% 和 1% 的水平下显著。
资料来源：中国科学院农业政策研究中心调研。

表6-12　　农户在小麦拔节期前氮肥施用量影响因素模型的计量估计结果

变量	总样本	惠民子样本	寿光子样本
	(1)	(2)	(3)
是否培训村培训户（是=1；否=0）	-15.15 (1.40)	0.53 (0.03)	-31.83** (2.14)
是否激励干预培训户（是=1；否=0）	-16.97 (1.47)	-26.83 (1.55)	-3.02 (0.19)
是否培训村非培训户（是=1；否=0）	-15.80* (1.69)	-19.73 (1.48)	-8.76 (0.67)
县虚拟变量（惠民=1；寿光=0）	3.40 (0.45)		
2009年家庭经营耕地面积（公顷）	-12.39 (1.22)	-16.87 (0.99)	-1.64 (0.13)
2009年最近化肥店距离（千米）	-1.41 (0.59)	3.92 (1.03)	-5.18* (1.71)
2009年家庭人均财产（千元）	-0.51** (2.31)	-0.13 (0.41)	-0.87*** (2.79)
户主是否为女性（是=1；否=0）	-6.46 (0.46)	-29.54* (1.65)	38.42* (1.70)
2009年户主年龄	-0.49 (1.34)	-0.78 (1.52)	-0.03 (0.06)
2009年户主受教育程度（年）	0.53 (0.43)	-0.44 (0.28)	2.18 (1.14)
截距项	61.81** (2.36)	76.69** (2.22)	33.10 (0.85)
观测值	1226	600	626
R^2	0.014	0.021	0.034
F检验P值： H_0：$b+c=0$（即虚拟变量培训村培训户与激励干预培训户的估计系数之和等于0）	0.0035	0.1043	0.0208

注：括号内均为t值绝对值，*、**和***分别表示在10%、5%和1%的水平下显著。

资料来源：中国科学院农业政策研究中心调研。

表 6－13　　农户在小麦拔节期及以后氮肥施用量影响因素模型的计量估计结果

变　量	总样本	惠民子样本	寿光子样本
	(1)	(2)	(3)
是否培训村培训户（是＝1；否＝0）	1.78 (0.26)	－3.70 (0.30)	8.79 (1.35)
是否激励干预培训户（是＝1；否＝0）	－2.11 (0.29)	4.00 (0.30)	－11.83* (1.72)
是否培训村非培训户（是＝1；否＝0）	5.44 (0.92)	14.16 (1.37)	－4.97 (0.87)
县虚拟变量（惠民＝1；寿光＝0）	－20.39*** (4.29)		
2009 年家庭经营耕地面积（公顷）	3.75 (0.58)	6.61 (0.50)	－3.18 (0.57)
2009 年最近化肥店距离（千米）	2.58* (1.72)	－2.18 (0.74)	5.99*** (4.53)
2009 年家庭人均财产（千元）	－0.07 (0.52)	－0.11 (0.45)	－0.07 (0.55)
户主是否为女性（是＝1；否＝0）	7.78 (0.88)	15.31 (1.10)	－8.07 (0.82)
2009 年户主年龄	0.03 (0.15)	0.21 (0.53)	－0.35 (1.52)
2009 年户主受教育程度（年）	0.94 (1.22)	1.88 (1.50)	－0.79 (0.95)
截距项	－3.57 (0.22)	－37.91 (1.41)	31.23* (1.85)
观测值	1226	600	626
R^2	0.022	0.013	0.043
F 检验 P 值： H_0：$b+c=0$（即虚拟变量培训村培训户与激励干预培训户的估计系数之和等于 0）	0.9620	0.9809	0.6434

注：括号内均为 t 值绝对值，*、** 和 *** 分别表示在 10%、5% 和 1% 的水平下显著。
资料来源：中国科学院农业政策研究中心调研。

回归结果显示，技术培训和激励机制对农户小麦生产氮肥施用行为有如下影响。

（1）从两县平均情况来看，加强监督的推广激励机制的引入对农户控制氮肥投入总量有显著影响。如表6-10（列1）所示，虚拟变量激励干预培训户的系数显著为负，表明相对没有激励机制干预下的培训户，激励干预培训户在2009/2010年小麦生产中氮肥投入的增量显著减少，每公顷减少量为19.09千克。检验模型虚拟变量培训村培训户与激励干预培训户的估计系数之和是否显著异于0的F检验结果表明，在控制其他影响因素下，相对于对照村农户，推广激励机制下的培训使得农户在2009/2010年小麦生产中每公顷氮肥投入的增量显著减少，每公顷减少量为32.5千克（13.37+19.09，表6-10，列1）。惠民县激励和培训的交叉项（*TF* * *Inc*）的系数更小，表明在惠民推广激励机制更能调动农技人员工作的积极性。这可能与两县农技员收入水平存在很大差异有关。据我们调查，项目涉及的4个寿光农技人员平均收入几乎是4个惠民项目农技员平均收入的两倍（见表4-4）。

（2）技术培训显著减少了寿光农户氮总投入。在控制其他影响因素下，寿光培训村非激励干预培训户相比对照村农户在2009/2010年和2008/2009年小麦生产中每公顷氮肥投入的差值减少23.04千克。在惠民，单一技术培训未起到明显作用。这可能因为在惠民，技术培训在短期内可能不足以让农户立即减少氮肥施用量。

（3）小麦生产氮肥施用技术培训和推广激励机制均未能显著增加农户氮肥施用次数和拔节期及以后氮肥施用量。如表6-11（列1~3）所示，培训村培训户系数在统计上不显著，激励和培训的交叉项（*TF* * *Inc*）的系数虽然统计上显著，但符号与我们的预期相反。如表6-13所示，培训村培训户系数在统计上不显著，表明技术培训难以促使农户增加小麦生产后期氮肥施用量。在寿光，激励和培训的交叉项（*TF* * *Inc*）系数虽然统计上显著，但符号与我们的预期相反。这表明，引入推广激励机制的技术培训下，农户仅简单地减少了氮肥总投入，而并未按技术人员提供的施肥建议增加小麦拔节期后的氮肥施用量。这表明，短期内培训很难立即影响农民习惯，而且农民担心推迟小麦追肥时间可能会影响外出就业。

（4）技术培训对引导寿光农户合理减少拔节期前氮肥投入有效。如表6-12（列3）所示，培训村培训户系数显著为负，表示在控制其他影响因素的情况下，寿光培训村培训户比对照村农户在2009/2010年小麦生产中每公顷氮肥施用量的增量减少 31.83 千克。技术培训未在惠民表现出显著减氮效应。同时，模型 F 检验（虚拟变量培训村培训户与激励干预培训户的估计系数之和是否显著异于0）结果表明，引入推广激励机制的技术培训下，农户显著减少了拔节期前氮肥施用量；相对对照村农户，两县激励干预培训户在 2009/2010 年小麦生产中每公顷比 2008/2009 年小麦生产氮肥投入的平均增量显著少 32.1 千克（15.15 + 16.97，表6－12，列1）。

估计结果表明，相比 2008/2009 年小麦生产，惠民农户在 2009/2010 年小麦种植过程中普遍减少了氮肥总投入，而这种减少主要在小麦拔节期以后发生。如表6－10（列1）所示，惠民县虚拟变量的系数显著为负，表明在控制其他影响因素下，惠民农户在 2009/2010 年和 2008/2009 年小麦生产氮肥施用总量的差值比寿光农户平均少 16.99 千克/公顷。该结果与前面的统计描述（见表6－3）一致。表6－13（列1）显示，惠民农户在 2009/2010 年小麦拔节期以后氮肥投入显著减少。

同时，估计结果表明，家庭富裕程度、户主教育程度、户主年龄等都对农户小麦生产氮肥投入的变化趋势有影响。例如，家庭富裕程度越高，农户氮肥施用总量反而有减少趋势（见表6－10）。年龄教育程度越大，越愿意增加氮肥施用次数（见表6－11）。

另外，需特别指出的是，虽然接受氮肥技术培训的农户和激励干预村农户均减少了氮肥施用量，但小麦单产变化并未受此影响。统计结果（见表6－14）表明，培训村激励干预培训户 2009/2010 年小麦产量比 2008/2009 年小麦产量低 10%，而两类非培训户均减产 12%（行5～6）。

表6－14　　培训农户和非培训农户在 2008/2009 年和 2009/2010 年小麦单产对比

单位：千克/公顷

项　目	2008/2009 年	2009/2010 年
培训村	6 580	5 791
培训户	6 623	5 820
激励	6 775	6 096
非激励	6 477	5 556
非培训户	6 536	5 760
对照村农户	6 687	5 899

资料来源：中国科学院农业政策研究中心调研。

6.5 本章小结

本研究通过向山东小麦种植户提供氮肥施用技术培训，并对当地农技推广人员实行适当行政监督，同时结合经济激励，分析技术培训和推广激励机制对缓解农户过量施肥问题的效果。我们得出以下结论：

（1）在不同地区，农技推广人员进行氮肥施用技术培训的效果有很大差异。无推广激励机制下的技术培训显著减少了寿光农户氮总投入和小麦拔节期前氮肥施用量。而在惠民，无激励的技术培训未表现出显著减氮效应。

（2）在项目执行中加强对推广人员实际技术培训监督的激励机制显著减少了农户氮肥施用总量，这种影响在经济不发达地区更为明显。在控制其他影响因素后，推广激励机制使得培训村培训户在2009/2010年小麦生产中每公顷氮肥投入的增量减少19.09千克。在惠民，提供激励机制更能调动农技人员工作的积极性。这表明，农技推广激励机制的效果同政策的实际执行情况紧密相关，只有在执行中加强对推广人员实际技术培训监督的激励机制，才会在提高农户氮肥施用效益上产生显著影响。

（3）无论是小麦生产氮肥施用技术培训，还是对农技员实行行政监督和激励机制，均很难增加农户氮肥施用次数和拔节期以后氮肥施用量。农户虽然显著减少了氮肥总投入，但并未依照技术推广人员提供的施肥建议增加小麦拔节期后的氮肥施用量。短期内培训很难立即影响农民习惯，农民担心推迟小麦追肥时间可能会影响外出就业，化肥物质成本的减少不足以补偿因追肥时间后移而带来的劳动力机会成本的损失。根据专家推荐施肥方案，样本点农户每公顷可减少150千克氮肥，按当地户均约0.3公顷的小麦面积（见表4－8）计算，平均每户仅能减少45元钱的化肥成本（纯氮按1元/斤尿素折算），而这仅是2009年当地单个劳动力外出打工一天的工资。对于外出打工的农户来说，追肥后移带来的劳动力机会成本显然要比减少的化肥成本高许多。

（4）尽管技术培训和激励机制有效，但仍未改变农户将绝大部分氮肥投入到拔节期以前的施肥习惯，氮肥施用总量和拔节期前氮肥施用量控制与项目目标相差甚远。培训村激励干预培训户每公顷氮肥投入总量比专家建议施肥量多 40% 以上，拔节期前平均氮肥施用量是专家建议施肥量的 4 倍多。样本地区小麦生产氮肥施用过量现象比玉米更严重，减氮目标实现更艰难。

（5）尽管培训户氮肥总施用量减少了，但其产量丝毫未受影响。在 2009/2010 茬小麦普遍减产的形势下，培训村参与过技术培训的农户与对照村农户相比产量减幅不大。

第7章

主要结论与政策含义

本研究旨在以玉米和小麦为例，探讨提高氮肥施用效益的技术培训和农技推广人员激励机制对农民氮肥施用量和施用技术的影响，依据研究结果，提出我国未来减少氮肥过量施用、减轻农业面源污染和深化农业技术推广体系改革的政策建议。本章将对研究得出的主要结论、政策含义、研究的创新之处与不足进行简要归纳与总结。

7.1 主要结论与政策含义

7.1.1 主要结论

根据我们的实地调研与实证检验，我们得出如下结论。

（1）华北平原粮食生产氮肥施用过量现象比较普遍，小麦生产尤为严重。

统计结果表明，样本地区培训村非培训户与对照村农户在玉米生产中平均氮肥施用量比专家建议施肥量（150～180 千克/公顷）高 40% 以上。即使接受过技术培训，农户玉米生产氮肥总施用量仍比专家建议施肥量（150～180 千克/公顷）高 20%。在小麦生产中，对照村农户氮肥施用总量比专家推荐施肥量（180～210 千克/公顷）多 70% 以上，培训村激励干预培训户每公顷氮肥投入总量比专家建议施肥量（180～210 千克）高 40% 以上，小麦生产氮肥施用过量现象比玉米更严重，减氮目标实现更艰难。

（2）农户缺乏合理施用肥料的知识，技术培训可以有效地减少农户在玉米和小麦生产中的氮肥总投入。

研究结果表明，接受培训的玉米种植户比没有接受培训的玉米种植户每公顷减少 46.9 千克的氮投入，减幅达 21%。同时，技术培训显著减少了寿光农户在小麦生产中的氮总投入，确实起到了引导农户合理施肥的作用。

（3）虽然培训可以减少肥料总施用量，但提高氮肥施用效益的技术还很难被农民所接受。

研究结果表明，培训对氮肥施用技术的采用没有产生显著影响，短期内还难以改变农民的传统施肥方式，农民尤其不愿增加施肥次数和作物生长后期氮肥投入。在参加技术培训后，寿光农户仅显著减少了玉米大喇叭口期之前的氮肥投入量，惠民农户仅显著减少了玉米大喇叭口期之后的氮肥施用。尽管技术培训和激励机制对农户减少小麦生产氮肥施用总量有效，但仍未改变农户将绝大部分氮肥投入到拔节期以前的施肥习惯。化肥物质成本的减少不足以补偿因施肥次数增加和追肥时间后移而带来的劳动力机会成本的损失。

（4）农技推广激励机制的效果同政策的实际执行情况紧密相关，名义上的和实际上的激励机制效果截然不同。

研究结果表明，只有在执行中加强对推广人员实际技术培训监督的激励机制，才会在提高农户氮肥施用效益上产生显著影响，而名义上的激励机制几乎没有任何效果。经济激励手段并未显著改善农技员下乡为农户进行玉米施肥技术培训服务，平均培训比例偏低，远未达到项目要求的 30% 的覆盖率。同时，激励干预村农户平均每公顷玉米氮肥施用总量为 250 千克，比非激励干预培训村农户平均投入量（234 千克/公顷）还多。说明在当前公共农技推广体制下，经济激励手段对加强农技人员开展科学施肥技术推广服务的作用有限。而在小麦氮肥施用技术培训中，通过行政监督加强对激励机制的执行力度可以使培训村培训户小麦生产每公顷氮肥投入的增量减少 19.09 千克。研究结果表明，这种效果在经济不发达地区更为显著。

（5）通过培训农户虽然减少了氮肥总施用量，但玉米和小麦单产并未因此而降低。

与对照村玉米种植户相比，培训村参与过技术培训的农户玉米产量并未减少。在2009/2010茬小麦普遍减产的形势下，培训村参与过技术培训的小麦种植户与对照村农户相比产量减幅不大。

（6）耕地经营规模同单位面积氮肥施用量呈负相关，经营规模有利于农户减少氮肥的施用量。

通过农地流转市场扩大农地经营规模，在一定程度上可以减少农民在耕种过程中的氮肥总投入。

7.1.2 政策含义

本书研究结果具有如下政策含义。

（1）适当减少氮肥施用量，不仅可以减少农民不必要的生产支出，降低物质生产成本，增加农民收益，而且对改善农村生产和生活环境、减少温室气体排放等都会产生积极影响。目前，很多农民在种地时已患上严重的“化肥依赖症”，面源污染成为我国湖泊富营养化的主要原因，其对水体氮、磷的贡献率大大超过来自城市生活污水和工业废水的点源污染（张维理等，2004）。我国“十二五”规划已明确提出要控制农业领域的温室气体排放，而减少氮肥施用对减缓气候变化和维护农业生产的可持续发展都至关重要。

（2）加强农技推广体系建设，把氮肥施用技术培训作为现有农技推广的主要工作之一，引导农户合理施肥，促进低碳农业发展。研究表明，缺乏科学施肥知识是农民过量施肥的主要原因，通过推广人员进行氮肥施用技术培训可有效减少农民在耕种过程中的氮投入。然而，当前我国农技推广体系在科学施用化肥的技术指导服务方面并未发挥应有的作用，严重影响了我国氮肥施用技术推广，加重了农业面源污染。为此，强化技术人员对农民的技术培训，将氮肥施用技术培训纳入现有农技推广的主要工作中，不仅是当前推广工作的当务之急，而且是引导农户合理施肥，早日实现我国低碳农业的必要条件。

（3）在农技推广体系引入技术推广的激励机制，同时加强对激励机制的设计和执行力度。在当前公共农技推广体制下，单纯的经济激励手段对加强农技人员开展氮肥施用技术推广服务的影响有限，需要结合行政监督等方式加强政策执行力度，这样才会在提高农户氮肥施用效益上产生显著影响。

（4）给农民提供氮肥施用技术方案时需充分考虑当地生产环境和农户对节省劳动力的施用技术。农民尤其不愿增加施肥次数和后期氮肥投入。随着劳动力成本快速上涨以及非农收入提高，农民不愿将过多的劳动时间投入到大田作物上，精准农业推广面临较大挑战，而缓释肥、硝化抑制剂等能减少施肥步骤、节本省工的新技术开发与推广更能符合当前农民的生产习惯。

（5）通过农地流转市场扩大农地经营规模，在一定程度上可以减少农民在耕种过程中的氮肥总投入。

（6）尽管公共推广体系技术培训可以减少农民氮肥施用总量，但短短一次集中培训不足以促使农民完全改变传统施肥习惯，而且当前我国公共推广体系存在若干缺陷（胡瑞法等，2004），如何对成千上万的、居住分散且土地经营规模较小的农户进行有效的知识信息传递，将是我国未来实现农业现代化和可持续发展所面临的重要挑战。

7.2　本书的创新点与不足

7.2.1　研究创新点

本书以玉米和小麦为例，系统研究提高氮肥施用效益的技术培训和农技推广人员激励机制对农民氮肥施用量和施用技术的影响。本研究主要有以下几点创新。

（1）研究内容的创新。近年来，通过技术培训减少农户在水稻生产中的过量氮肥施用，同时保持水稻稳产甚至增长的已有不少研究（Hu et al. 2007；Huang et al.，2008；曹建民，2006），但基于农户调查的针对其他粮食作物的实证研究非常缺乏。本书选取玉米和小麦生产为研究对象，为该领域的研究提供了新的实证依据。同时，现有实证研究对农户的技术培训多由科学家实践完成，缺乏普遍性，无法回答在现实情况下，由农业技术推广部门执行培训工作的结果。本研究通过由技术推广人员实施技术培训，使得研究结果更具现实意义。

(2) 研究方法的创新。本研究通过类实验设计，对比分析实验中不同处理组和对照组农户的施肥行为，定量分析技术培训对农民玉米和小麦生产氮肥施用行为的影响。同时在两种实验设计中分别引入不同的激励模式，分析在当前公共农技推广体系下，激励机制和制度创新对加强农技员下乡开展氮肥施用技术培训服务的影响。

7.2.2 研究不足与展望

本研究主要有以下几点不足。

(1) 参加培训农户可能存在一定的自选择。这是许多分析技术推广对农民技术采用影响的研究中无法避免的问题。为此，在项目开展之初，我们要求农技员在培训村内以农户居住地集中连片的形式开展氮肥施用技术培训，即随机选择村内同一生产小组的农户参加培训。同时，我们在农户抽样时采用随机的方法确定样本。除此之外，我们还对培训户与非培训户进行基本特征的均值差异性检验，证明了培训户与非培训户无系统差异。尽管如此，实验中培训户与非培训户可能仍无法达到计量经济学家严格要求的完全无差异。

(2) 本研究仅考察培训当年对农民作物生产氮肥投入的影响。农民对技术的认知和采用是一个动态的过程，技术培训可能对农民未来几年的施肥行为均有影响。下一步研究需要继续追踪农民的氮肥施用情况，进一步分析技术培训的长期影响和作用。

(3) 培训方式未纳入研究。本研究未考察农技人员对农户的具体技术培训形式，不同培训方式对农户施肥行为的影响可能存在差异。对这部分数据的挖掘应是下一步研究内容。

附录：主要调查表格

A. 家庭成员基本情况

A1. 你家里有几口人？________人________

家庭成员编号	与户主关系	性别	出生年份	受教育年限（若未受过教育，即填0）	在村委会担任职务情况……	去年9月至今年8月从事农业程度： 1=全部时间务农 2=部分时间务农 3=不务农 4=其他____	务农时间占多少	如果≥2，是做什么行业的	在什么地方？ 1=本乡 2=本县他乡 3=本省他县 4=外省 5=其他	2008年10月至2009年6月，在哪些月份中做过非农工作（非种植和非养殖）？【在工作过的月份划“X”】												该成员今年是否参加过玉米施肥技术培训	该成员今年是否参加过小麦施肥技术培训
	代码一	1=男 0=女	年	年	1=无职务 2=村支书/村长 3=村支委/村委委员 4=小组长 5=其他（注明）		%	代码二		9	10	11	12	1	2	3	4	5	6	7	8	1=是 0=否	1=是 0=否
pid	A2	A3	A4	A5	A6	A7	A8	A9	A10	A11	A12	A13	A14	A15	A16	A17	A18	A19	A20	A21	A22	A23	A24
1																							
2																							
3																							
4																							
5																							

B. 交通情况

B1. 你们家离乡镇政府有多远（里）	B2. 你们家离最近的化肥销售点有多远（里）	B3. 你们家离最近的柏油路/水泥路有多远（里）

C. 去年9月至今年8月年种植期间土地情况

你家实际耕地经营情况			租入土地多少		换入土地多少		租给别人土地多少	
总面积	其中水浇地面积	大棚种植面积	合计	其中水浇地面积	合计	其中水浇地面积	合计	其中水浇地面积
亩			亩		亩		亩	
C1	C2	C3	C4	C5	C6	C7	C8	C9

D. 种植结构

D1：2009年夏玉米种植面积________亩。

D2：2008～2009年冬小麦总种植面积________亩

2008年9月以来还种植了什么作物（填写下表）：

其他粮食作物		经济作物		大田果蔬		大棚果蔬		其他作物	
	种植面积		种植面积		种植面积		种植面积		种植面积
作物代码	亩	作物代码	亩	作物代码	亩	作物代码	亩	作物代码	亩
D3	D4	D3	D4	D3	D4	D3	D4	D3	D4

E. 家畜养殖情况

家畜种类代码	2008年终存栏数	2008年出栏数	现在存栏数	今年已经出栏数	该动物粪便用以下方式处理的比例					
					还田（%）	丢弃到自家茅厕（%）	丢弃到它处（%）	沼气（%）	出售（%）	其他____（%）
E1	E2	E3	E4	E5	E6	E7		E8	E9	E10

H. 施肥（一）

注 1：此表仅登记小麦/玉米种植面积<u>最大地块</u>的施肥情况。

注 2：若农民回答施用了多少方肥料，按一方等于一吨折合计算填入表中。

H1. 本季作物（玉米或小麦）共施用几次肥料？________次

施肥次序	施肥时间	施肥季节	劳动力投入（所有劳动力天数加总）	雇工支出	雇工费用	化肥 1							化肥 2						
						化肥名称为	如果是复合肥，袋面标识 N、P、K 比例是多少			来源	施用量	支出多少	化肥名称为	如果是复合肥，袋面标识 N、P、K 比例是多少			来源	施用量	支出多少
							N	P	K					N	P	K			
	月－日	代码 1	天	天	元	代码 2	%	%	%	代码 4	斤	元	代码 2	%	%	%	代码 4	斤	元
H2	H3	H4	H5	H6	H7	H8	H9	H10	H11	H12	H13	H14	H15	H16	H17	H18	H19	H20	H21
1																			
2																			
3																			
4																			
5																			

注：代码 1【小麦施肥季节】1 = 播种前；2 = 越冬前；3 = 越冬期；4 = 返青期；5 = 拔节期；6 = 孕穗期；7 = 灌浆期；8 = 其他（请注明）

代码 1【玉米施肥季节】1 = 播种前；2 = 小喇叭口期；3 = 大喇叭口期；4 = 孕穗期；5 = 灌浆期；6 = 其他（请注明）

代码 2【化肥名称】1 = 尿素；2 = 碳酸氢铵；3 = 硫酸铵；4 = 过磷酸钙；5 = 钙镁磷肥；6 = 氯化钾；7 = 硫酸钾；8 = 磷酸二铵；9 = 配方肥（特指测土配方施肥）；10 = 其他复合肥；11 = 叶面肥；12 = 其他（请注明）

H. 施肥（二）

注：请务必将本页“施肥次序”与上页保持一致

施肥次序	化肥3							有机肥1						有机肥2					
	化肥名称为	如果是复合肥，袋面标识N、P、K比例是多少			来源	施用量	支出多少	名称为	干的还是湿的	是不是经腐熟后使用?	来源	施用量	支出多少	名称为	干的还是湿的	是不是经腐熟后使用?	来源	施用量	支出多少
		N	P	K															
	代码2	%	%	%	代码4	斤	元	代码3	1=干 2=湿	1=是 2=否	代码4	斤	元	代码3	1=干 2=湿	1=是 2=否	代码4	斤	元
H2	H22	H23	H24	H25	H26	H27	H28	H29	H30	H31	H32	H33	H34	H35	H36	H37	H38	H39	H40
1																			
2																			
3																			
4																			
5																			

注：代码3【有机肥名称】1 = 鸡粪，2 = 牛粪，3 = 猪粪，4 = 人类粪便，5 = 秸秆，6 = 商品有机肥，7 = 土杂肥，8 = 商品有机肥；9 = 其他（请注明）

代码4【肥料来源】：1 = 自己留存；2 = 农资经销处；3 = 技术推广站；4 = 合作社；5 = 厂家；6 = 其他农户；6 = 其他（请注明）

M. 房屋财产

M1. 你家有几处住宅？________处

		你家住宅类型	有几层	有几间	住宅建筑材料	你家是否与别人共用这所住宅	你自己家占几间	你现在居住的房子哪一年建的？（若分别为多年建造，答最后一年）	当时你建造或购买这所房子花了多少钱	这所住宅现在值多少钱
住宅编号		1 = 楼房 2 = 平房	层	间	1 = 土房 2 = 木房 3 = 砖瓦房 4 = 混凝土 5 = 其他（说明）	1 = 是 0 = 否	间	年	元	元
	M2	M3	M4	M5	M6	M7	M8	M9	M10	M11
第一处	1									
第二处	2									
第三处	3									

N. 耐用消费品财产（以下财产仅限于生活消费使用，单位价值超过500元）

家具名称		有否		哪一年开始拥有	当时花了多少钱	若现在卖，值多少钱
			如果有，数量			
		1 = 有；2 = 没有		年	元	元
	N1	N2	N3	N4	N5	N6
彩色电视机	1					
照相机	2					
洗衣机	3					
电冰箱或冰柜	4					
汽车	5					
摩托车	6					
空调	7					
电脑	8					
手机	9					
煤气或液化气灶具	10					
其他 1 ________	11					
其他 2 ________	12					
其他 3 ________	13					

注：（1）家具等除外。

（2）如果数量大于1，N5 和 N6 登记总价值信息。N4 逐次填写年份，用“，”隔开。

参考文献

1.《农户需求型技术推广改革研究》课题组:《中国农业推广改革与发展 农户需求型技术推广改革研究》技术报告. 中国科学院农业政策研究中心, 2008, 北京.

2.《中国农业技术推广体制改革研究》课题组:《中国农技推广: 现状、问题及解决对策》, 载《管理世界》2004年第5期。

3. 蔡亚庆:《农户需求型农业技术推广机制改革及其效果》, 中科院地理科学与资源研究所硕士学位论文, 2009年。

4. 曹建民:《技术推广方法对农民技术采用的影响研究: 以参与式农民水稻氮肥实地管理技术研究为例》, 中国科学院研究生院博士学位论文, 2006年。

5. 陈进寿、郑庆昌:《基层农技推广体系改革的模式及借鉴》, 载《发展研究》2005年第9期。

6. 崔振岭:《华北平原冬小麦—夏玉米轮作体系优化氮肥管理—从田块到区域尺度》, 中国农业大学博士学位论文, 2005年。

7. 樊启洲、郭犹焕:《农业技术推广障碍因素排序的研究》, 载《农业技术经济》1999年第2期。

8. 高春雨:《县域农田 N_2O 排放量估算及其减排碳贸易案例研究》, 2011年。

9. 高启杰:《迈向21世纪的中国农业技术推广》, 载《中国科技论坛》1995年第6期。

10. 高启杰:《我国农业推广投资现状与制度改革的研究》, 载《农业经济问题》2002年第8期。

11. 巩前文、穆向丽:《农户过量施肥风险认知及规避能力的影响因素

分析——基于江汉平原284个农户的问卷调查》，载《中国农村经济》2010年第10期。

12. 国家发展和改革委员会价格司：《全国农产品成本收益资料汇编》，中国统计出版社2011年版。

13. 国家发展和改革委员会价格司：《全国农产品成本收益资料汇编》，中国统计出版社2010年版。

14. 国家统计局：《中国统计年鉴》，中国统计出版社2010年版。

15. 国家统计局农村社会经济调查司：《中国县（市）社会经济统计年鉴》，中国统计出版社2010年版。

16. 韩洪云、杨增旭：《农户测土配方施肥技术采纳行为研究——基于山东省枣庄市薛城区农户调研数据》，载《中国农业科学》2011年第23期。

17. 郝风等：《科研院所专家负责制的农技推广模式探讨》，载《中国科技论坛》2008年第2期。

18. 何传新、窦敬丽：《当前农业科技推广体系的现状及对策》，载《中国科技产业》2004年第10期。

19. 何浩然、张林秀：《农民施肥行为及农业面源污染研究》，载《农业技术经济》2006年第6期。

20. 胡瑞法、孙顶强等：《农技推广人员的下乡推广行为及其影响因素分析》，载《中国农村经济》2004年第11期。

21. 胡瑞法、黄季焜、李立秋：《中国农技推广：现状、问题及解决对策》，载《管理世界》2004年第5期。

22. 胡瑞法、黄季焜：《中国农业技术推广投资的现状及影响》，载《战略与管理》2001年第3期。

23. 胡瑞法、李立秋、张真和、石尚柏：《农户需求型技术推广机制示范研究》，载《农业经济问题》2006年第11期。

24. 胡瑞法、孙顶强、董晓霞：《农技推广人员的下乡推广行为及其影响因素分析》，载《中国农村经济》2004年第11期。

25. 扈映：《我国基层农技推广体制研究：一个历史与理论的考察》，浙江大学博士学位论文，2006年。

26. 黄季焜、胡瑞法、智华勇：《基层农业技术推广体系30年发展与改革：政策评估和建议》，载《农业技术经济》2009年第1期。

27. 黄文芳：《农业化肥污染的政策成因及对策分析》，载《生态环境学报》2011年第1期。

28. 黄祖辉、何乐琴：《浙江省农技推广现状、问题和对策研究》，载《农业科技管理》2001年第5期。

29. 李海鹏：《中国农业面源污染的经济分析与政策研究》，博士学位论文，2007年。

30. 李立秋、张真和：《中国必须要有一个国家农技推广体系》，载《中国农技推广》2005年第9期。

31. 李立秋：《机制创新是体系建设的重要任务》，载《中国农技推广》2007年第3期。

32. 李立秋：《区域站成为推广体制创新亮点》，载《中国农技推广》2003年第2期。

33. 林毅夫：《小农与经济理性》，载《农村经济与社会》1988年第3期。

34. 刘东栋、吴文良、彭光华：《华北高产区公众对农业面源污染的环保意识及支付意愿调查》，载《农村生态环境》，2004年。

35. 刘福刚、孟宪江：《中国县域经济年鉴》，社会科学文献出版社2010年版。

36. 刘开云：《经济学研究：从经验数据描述到实验的科学历程》，载《学术研究》2006年第8期。

37. 吕悦来、张林秀等：《化肥使用对农民生计的影响及政策启示》，中国环境科学出版社2006年版。

38. 马卫东等：《新时期创新农技推广模式的探讨》，载《安徽农学通报》2008年第16期。

39. 马文奇：《山东省作物施肥现状与评价》，中国农业大学博士学位论文，1999年。

40. 农业部农村经济研究中心课题组：《我国农业技术推广体系调查与改革思路》，载《中国农村经济》2005年第2期。

41. 乔方彬、张林秀、胡瑞法：《农业技术人员的推广行为分析》，载《农业技术经济》1999年第3期。

42. 全国农业技术推广服务中心：《国外农业技术推广》，中国农业出版社2001年版。

43. 任韬：《实验经济学与经济仿真》，载《理论与当代》2007年第2期。

44. 荣炜、王国成：《经济计量学、实验经济学的发展与数据品质分析》，载《统计与决策（理论版）》2007年第3期。

45. 茹敬贤：《农户施肥行为及影响因素分析》，2008年。

46. 沈贵银：《试论农业推广服务供给的制度安排与多元服务体系的构建》，载《农业科技管理》2003年第10期。

47. 孙波等：《中国农田生态系统养分平衡管理》，见：杨林章、孙波主编：《中国农田生态系统养分循环与平衡及其管理》，科学出版社2008年版。

48. 孙振玉：《离娘、断奶 我国农技推广面临危机》，载《科技成果纵横》1994年第2期。

49. 汤国辉、蔡薇、郭忠兴：《农业院校专家负责制农技推广服务模式的探索》，载《科技管理研究》2008年第8期。

50. 汪三贵、刘晓展：《信息不完备条件下贫困农民接受新技术行为分析》，载《农业经济问题》1996年。

51. 王激清：《我国主要粮食作物施肥效应和养分利用效率的分析与评价》，中国农业大学博士论文，2007年。

52. 闫湘等：《提高肥料利用率技术研究进展》，载《中国农业科学》2008年第2期。

53. 张德亮：《我国基层农业技术推广系统公益性技术推广及其决定因素分析》，中科院地理科学与资源研究所博士学位论文，2007年。

54. 张东伟、程国栋、朱润身：《论农业技术推广的制度创新》，载《农村经济》2006年第5期。

55. 张福锁等：《我国肥料产业与科学施肥战略研究报告》，中国农业大学出版社2008年版。

56. 张林秀、黄季焜等:《农民化肥使用水平的经济评价和分析》,2006 年。

57. 张林秀、李强、何浩然、黄季焜:《中国农田生态系统化肥投入的经济和政策驱动机制》,见:杨林章、孙波主编:《中国农田生态系统养分循环与平衡及其管理》,科学出版社 2008 年版。

58. 张维理、武淑霞等:《中国农业面源污染形势估计及控制对策:21 世纪初期中国农业面源污染的形势估计》,载《中国农业科学》2004 年第 7 期。

59. 赵锦域:《我国农技推广体系建设存在的问题及对策建议》,载《农业科技管理》2005 年第 5 期。

60. 智华勇、黄季焜、张德亮:《不同管理体制下政府投入对基层农技推广人员从事公益性技术推广工作的影响》,载《管理世界》2007 年第 7 期。

61. 中英可持续农业创新协作网:《中英可持续农业创新协作网简报》,2010 年。

62. 朱庆:《实验经济学述评》,载《经济学家》2003 年第 1 期。

63. 朱小梅、柏振忠、王红玲:《湖北省公益性农业技术推广服务体系改革模式的利弊分析》,载《中国农村经济》2005 年第 12 期。

64. 朱兆良、孙波:《中国农业面源污染控制对策》,中国环境科学出版社 2006 年版。

65. 朱兆良:《肥料与农业和环境》,载《大自然探索》1998 年第 4 期。

66. Abdoulaye, T. and J. H. Sanders. Stages and determinants of fertilizer use in semiarid African agriculture: the Niger experience. Agricultural Economics, 2005, 32 (2): 167 – 179.

67. Ameur, Charles. Agricultural Extension: A Step beyond the Next Step. World Bank Technical Paper 247. Washington, D. C. : World Bank, 1994.

68. Byerlee, D. and E. H. de Polanco. Farmers' Stepwise Adoption of Technological Packages: Evidence from the Mexican Altiplano. American Journal of Agricultural Economics, 1986. 68 (3): 519 – 527.

69. Byerlee, D. Modern varieties, productivity, and sustainability: Recent ex-

perience and emerging challenges. World Development, 1996. 24 (4): 697 – 718.

70. Carney, D. Formal Farmers Organisations in the Agricultural Technology System: Current Roles and Future Challenges. Natural Resource Perspectives, No. 14. London: ODI, 1996.

71. CCICED. Agricultural research, extension and water management to raise farm productivity. In: Sonntag B. H. , Huang JK, Rozelle S, Skerritt J. H. China's agricultural and rural development in the 21st century. Canberra: Australian Centre for International Agricultural Research, 2005.

72. Chapman, R. and R. Tripp. Changing incentives for Agricultural Extension-A Review of Privatised Extension in Practice. Agren Network Paper, 2003. 132.

73. Chen, X. Optimization of the N fertilizer management of a winter wheat/summer maize rotation system in the Northern China Plain. Unpublished doctoral dissertation doctoral thesis, Universitat Hohenheim, 2003.

74. Chen, X. , F. Zhang, et al. Synchronizing N Supply from Soil and Fertilizer and N Demand of Winter Wheat by an Improved Nmin Method. Nutrient Cycling in Agroecosystems, 2006. 74 (2): 91 – 98.

75. Chen, X. , Zhang, F. ,, Römheld, V. , Horlacher, D. , Schulz, R. , Böning-Zilkens, M. , Wang, P. , and Claupein, W. . Synchronizing N supply from soil and fertilizer and N demand of winter wheat by an improved Nmin method. Nutr. Cycl. Agroecosys. 2006. 74 (2), 91 – 98.

76. Cui, Z. , Chen, X. , Miao, Y. , Zhang, F. , Sun, Q. , Schroder, J. , Zhang, H. , Li, J. , and et al. , 2008a. On-farm evaluation of the improved soil Nmin-based nitrogen management for summer maize in North China Plain. Agron. J. 100 (3), 517 – 525.

77. Cui, Z. , F. Zhang, et al. Soil nitrate-N levels required for high yield maize production in the North China Plain. Nutrient Cycling in Agroecosystems, 2008. 82 (2): 187 – 196.

78. Cui, Z. , X. Chen, et al. . On-Farm Evaluation of the Improved Soil N-based Nitrogen Management for Summer Maize in North China Plain. Agron.

J. , 2008. 100 (3): 517 – 525.

79. Cui, Z. , Zhang, F. , Miao, Y. , Sun, Q. , Li, F. , Chen, X. , Li, J. , Ye, Y. , Yang, Z. , and Zhang, Q. , et al, 2008b. Soil nitrate-N levels required for high yield maize production in the North China Plain. Nutr. Cycl. Agroecosys. 82 (2), 187 – 196.

80. FAO. Fertilizer use by crop. Rome, 2006.

81. Feder, G. and Slade, R. H. Institutional Reform in India: The Case of Agriculture Extension. In K. Hoff, A. Braverman, and J. E. Stiglitz, (eds.), The Economics of Rural Organizations. New York: Oxford University Press, 1993.

82. Feder, G. , Willett, A. and Zijp, W. Agricultural extension: Generic challenges and some ingredients for solutions. Washington: World Bank, 1999.

83. Gershon Feder, Anthony Willett and Willem Zijp. Agricultural Extension: Generic Challenges and Some Ingredients for Solutions. Policy Research Working Papers. World Bank, 1999.

84. Green, D. A. G. and D. H. Ngongola. Factors affecting fertilizer adoption in less developed countries: an application of multivariate logistic analysis in malaŵi. Journal of Agricultural Economics, 1993. 44 (1): 99 – 109.

85. Hoffmann, V. , Lamers, J. and Kidd, A. Reforming the organisation of agricultural extension in Germany: Lessons for other countries, Agricultural Research and Extension Network Paper No. 98. London: Overseas Development Institute. 2000.

86. Howell, John. Accountability in Extension Work. In Investing in Rural Extension: Strategies and Goals (Gwyn E. Jones, ed.). London and New York: Elsevier, 1986.

87. Hu, R. , J. Cao, et al. . Farmer participatory testing of standard and modified site-specific nitrogen management for irrigated rice in China. Agricultural Systems, 2007. 94 (2): 331 – 340.

88. Huang, J. and S. Rozelle. Technological change: Rediscovering the engine of productivity growth in China's rural economy. Journal of Development

Economics, 1996. 49 (2): 337 –369.

89. Huang, J. K. , R. F. Hu, et al. Training programs and in-the-field guidance to reduce China's overuse of fertilizer without hurting profitability. Journal of Soil and Water Conservation, 2008. 63 (5): 165A –167A.

90. Huang, J. , Qiao, F. , Zhang, L. , & Rozelle, S. Farm Pesticide, Rice Production, and Human Health in China. Research Report 2001 – RR3: International Development Research Centre: 49 –52.

91. Ju, X. -T. , G. -X. Xing, et al. Reducing environmental risk by improving N management in intensive Chinese agricultural systems. Proceedings of the National Academy of Sciences, 2009. 106 (9): 3041 –3046.

92. Ladha J. K. , Krupnik T. J. , Six J. and C. Kessel. Efficiency of fertilizer nitrogen in cereal production: retrospects and prospects. Advances in Agronomy, 2005. 87: 86 –156.

93. Lamb, R. L. Fertilizer Use, Risk, and Off-Farm Labor Markets in the Semi-Arid Tropics of India. American Journal of Agricultural Economics, 2003. 85 (2): 359 –371.

94. Norse D, Li J, Jin L, et al. Environmental Costs of Rice Production in China: Lessons from Hunan and Hubei. Aileen International Press, Bethesda, MD, USA. 2001. 93.

95. Pachauri, R. K. and A. Reisinger. Climate Change 2007: Synthesis Report. Contribution of Working Groups I, II and III to the Fourth Assessment Report of the Intergovernmental Panel on Climate Change. Geneva: IPCC, 2007.

96. Paudel K. P. , Lohr L. , Martin N. R. Effect of Risk Perspective on Fertilizer Choice by Sharecroppers. Agricultural Systems, 2000. 66: 115 –128.

97. Peng, S. , R. J. Buresh, et al. Strategies for overcoming low agronomic nitrogen use efficiency in irrigated rice systems in China. Field Crops Research, 2006. 96 (1): 37 –47.

98. Purcell, Dennis L. and Jock R. Anderson. Agricultural Extension and Research: Achievements and Problems in National Systems. World Bank Operations Evaluation Study. Washington, D. C. : World Bank, 1997.

99. Quizon J., Feder G., Murgai R. Fiscal Sustainability of Agricultural Extension: The Case of the Farmer Field School Approach. J. Inter. Agr. Extension Educ. 2001. 8: 13 - 24.

100. Rivera, W. M. Agricultural and rural extension worldwide: options for institutional reform in the developing countries. Food and Agriculture Organization, Rome, 2001.

101. Rivera, W. M. Agricultural Extension in Transition Worldwide: Structural, Financial and Managerial Strategies for Improving Agricultural Extension. Public Administration and Development, 1996.

102. Rivera, W. M. and Gustafson, D. J. Agricultural extension: Worldwide Institutional Evolution and Forces for Change. Amsterdam: Elsevier, 1991.

103. Sheriff, G. Efficient Waste? Why Farmers Over-Apply Nutrients and the Implications for Policy Design. Applied Economic Perspectives and Policy, 2005. 27 (4): 542 - 557.

104. Smith V. An Experimental Study of Competitive Market Behavior. Journal of Political Economy, 1962, 70, April: 111 - 137.

105. Smith V. Economics in the Laboratory. Journal of Economic Perspectives, 1994, Winter, 8: 113 - 131.

106. Smith, V. Microeconomic Systems as an Experimental Science. The American Economic Review, 1982, December: 923 - 955.

107. Smith, V. The New Palgrave: A Dictionary of Economics [M]. Eds. By J. Eatwell, M. Milgate and P. Newman, Macmillan Press Inc, 1987.

108. Umali, D. L. and Schwartz, L. Public and Private Agriculture Extension: Beyond Traditional Frontiers, World Bank Discussion Paper 236. World Bank, Washington D. C, 1994.

109. Van den Ban, Anne W. and H. S. Hawkins. Agricultural Extension. Second edition. Oxford: Blackwell Science, 1996.

110. Van den Ban, Anne W. Extension Policies, Policy Types, Policy Formulation and Goals. In Investing in Rural Extension: Strategies and Goals (Gwyn E. Jones, ed.) London and New York: Elsevier, 1986.

111. Volker Hoffmann, John Lamers and Andrew D. Kidd. Reforming the Organisation of Agricultural Extension in Germany: Lessons for Other Countries. Agricultural Research & Extension Network. 2000.

112. White, H. Some Reflections on Current Debates in Impact Evaluation (Working Paper). New Delhi: International Initiative for Impact Evaluation. 2009.

113. Wooldridge, J. M. Ecomometric Analysis of Cross Section and Panel Data. Cambridge, MA, MIT Press, 2002.

114. Zhao, R. -F., X. -P. Chen, et al. Fertilization and Nitrogen Balance in a Wheat-Maize Rotation System in North China. Agron. J., 2006. 98 (4): 938 - 945.

115. Zhu, Z. L. and D. L. Chen. Nitrogen fertilizer use in China-Contributions to food production, impacts on the environment and best management strategies. Nutrient Cycling in Agroecosystems, 2002. 63 (2): 117 - 127.

116. Zijp, Willem. Unleashing the Potential: Changing the Way We Think About and Support Extension. Working Paper. Washington, D. C.: World Bank, 1998.

图书在版编目（CIP）数据

技术培训与推广激励对农户施肥行为的影响研究/项诚著．
—北京：经济科学出版社，2018.1
（中国农业科学院农业经济与发展研究所研究论丛．第4辑）
ISBN 978-7-5141-8816-5

Ⅰ.①技… Ⅱ.①项… Ⅲ.①农业科技推广-影响-施肥-研究②农业技术-技术培训-影响-施肥-研究
Ⅳ.①F32

中国版本图书馆CIP数据核字（2017）第304697号

责任编辑：齐伟娜
责任校对：杨晓莹
责任印制：李 鹏

技术培训与推广激励对农户施肥行为的影响研究
项 诚 黄季焜 贾相平 著
经济科学出版社出版、发行 新华书店经销
社址：北京市海淀区阜成路甲28号 邮编：100142
总编部电话：010-88191217 发行部电话：010-88191540
网址：www.esp.com.cn
电子邮箱：esp@esp.com.cn
天猫网店：经济科学出版社旗舰店
网址：http://jjkxcbs.tmall.com
北京季蜂印刷有限公司印装
710×1000 16开 8.25印张 110000字
2018年2月第1版 2018年2月第1次印刷
ISBN 978-7-5141-8816-5 定价：28.00元
（图书出现印装问题，本社负责调换。电话：010-88191502）